Planen und Bauen im Außenbereich

BERLINER SCHRIFTEN ZUR STADT- UND REGIONALPLANUNG

Herausgegeben von Stephan Mitschang

Band 13

PETER LANG
Internationaler Verlag der Wissenschaften

Stephan Mitschang (Hrsg.)

Planen und Bauen im Außenbereich

PETER LANG
Frankfurt am Main · Berlin · Bern · Bruxelles · New York · Oxford · Wien

Bibliografische Information der Deutschen Nationalbibliothek
Die Deutsche Nationalbibliothek verzeichnet diese Publikation
in der Deutschen Nationalbibliografie; detaillierte bibliografische
Daten sind im Internet über http://dnb.d-nb.de abrufbar.

Gedruckt auf alterungsbeständigem,
säurefreiem Papier.

ISSN 1861-762X
ISBN 978-3-631-60957-6
© Peter Lang GmbH
Internationaler Verlag der Wissenschaften
Frankfurt am Main 2010
Alle Rechte vorbehalten.

Das Werk einschließlich aller seiner Teile ist urheberrechtlich
geschützt. Jede Verwertung außerhalb der engen Grenzen des
Urheberrechtsgesetzes ist ohne Zustimmung des Verlages
unzulässig und strafbar. Das gilt insbesondere für
Vervielfältigungen, Übersetzungen, Mikroverfilmungen und die
Einspeicherung und Verarbeitung in elektronischen Systemen.

www.peterlang.de

Vorwort

Schon seit dem Inkrafttreten des Bundesbaugesetzes im Jahr 1960 ist es Ziel des Bundesgesetzgebers, den planungsrechtlichen Außenbereich, wie er heute durch § 35 BauGB normiert wird, weitgehend von Bebauung freizuhalten. Die städtebauliche Entwicklung soll sich geordnet, entweder durch die Aufstellung von Bebauungsplänen (§ 30 BauGB) oder innerhalb von im Zusammenhang bebauten Ortsteilen (§ 34 BauGB) vollziehen.

Insbesondere im Laufe der letzten beiden Jahrzehnte hat aber eine Veränderung der Rahmenbedingungen stattgefunden. Die Forderung nach der Nutzung von Erneuerbaren Energien steht dabei zwar im Vordergrund, doch tragen auch andere Entwicklungen, wie die Technisierung in der Tierhaltung, Standortbindungen von Betrieben (z. B. von Steinkohlekraftwerken) oder auch flächenrelevante Anforderungen des Europäischen sowie der nationale Habitat- und Artenschutzes zunehmend dazu bei, den Druck in Bezug auf die bauliche Nutzung des planungsrechtlichen Außenbereiches zu erhöhen. Daraus resultieren vielfältige und zum Teil auch äußerst kontrovers diskutierte fachliche und rechtliche Fragestellungen, die sich einerseits an die räumliche Gesamtplanung richten, andererseits im Zuge der Beurteilung der von Einzelvorhaben im Außenbereich einer Lösung zugeführt werden müssen.

Dem insoweit skizzierten Spannungsfeld widmete sich die Wissenschaftliche Fachtagung „Planen und Bauen im Außenbereich", die am 14. und 15. September 2009 an der Technischen Universität in Berlin durchgeführt wurde. In diesem Tagungsband sind die ausgearbeiteten Vorträge der einzelnen Referate enthalten. Sie machen deutlich, dass die Diskussion um die bauliche Nutzung des planungsrechtlichen Außenbereichs noch lange nicht abgeschlossen ist. Im Rahmen der in dieser Legislaturperiode anstehenden BauGB-Novelle wird sich dies wohl erneut zeigen.

Berlin, im September 2009

Universitätsprofessor Dr.-Ing. habil. Stephan Mitschang

am Institut für Stadt- und Regionalplanung der TU Berlin
Fachgebiet Städtebau- und Siedlungswesen
– Orts-, Regional- und Landesplanung –
Hardenbergstraße 40 a
10623 Berlin

Inhaltsverzeichnis

Innen- vor Außenentwicklung – Kommunale Baulandstrategien zur Schonung des Außenbereichs
Norbert Portz, Beigeordneter für Umwelt und Städtebau, Deutscher Städte- und Gemeindebund, Bonn... 1

Biogasanlagen nach § 35 Abs. 1 Nr. 6 BauGB – im Anschluss an die Entscheidung des BVerwG vom 11. Dezember 2008
Franz Guttenberger, Richter am Bundesverwaltungsgericht, Leipzig................ 11

Ziele der Raumordnung und privilegierte Außenbereichsvorhaben – Abwägungskontrolle und Abwägungsfehler –
Prof. Dr. Ondolf Rojahn, Richter am Bundesverwaltungsgericht a.D., Leipzig........ 23

Standortgebundene Betriebe im Außenbereich
Dr. Olaf Reidt, Rechtsanwälte Redeker Sellner Dahs & Widmaier, Berlin............ 39

Anforderungen an die Zulassung von Fotovoltaikfreiflächenanlagen
Univ.-Prof. Dr.-Ing. habil. Stephan Mitschang, Technische Universität Berlin........ 47

Die Umnutzung von begünstigten Vorhaben nach § 35 Abs. 4 BauGB
Prof. Dr. Reinhard Sparwasser, Sparwasser & Heilshorn Rechtsanwälte Partnerschaft, Freiburg.. 83

Planerische Steuerung von Tierhaltungsbetrieben im Außenbereich
Prof. Dr. Wilhelm Söfker, Ministerialdirigent a. D., Bonn........................... 97

Repowering von Windenergieanlagen – Zulassung und planerische Steuerung
Prof. Dr. Dr. h.c. Ulrich Battis, Humboldt-Universität zu Berlin...................... 109

Artenschutz im Außenbereich
Ministerialrat Prof. Dr. Hans Walter Louis LL.M., Umweltministerium Niedersachsen, Hannover.. 117

Bodenschutz, Baurecht auf Zeit im Außenbereich
Prof. Dr. Michael Krautzberger, Ministerialdirektor a.D., Bonn/Berlin............... 135

Flächenpolitik im Spannungsfeld von Nachhaltigkeit und kommunaler Planungshoheit
Folkert Kiepe, Beigeordneter des Deutschen Städtetags für Stadtentwicklung, Bauen, Wohnen und Verkehr, Berlin/Köln.. 147

I Innen- vor Außenentwicklung – Kommunale Bauland-strategien zur Schonung des Außenbereichs

Norbert Portz

I. Rahmenbedingungen bei der Baulandmobilisierung

1. Anhaltende Flächeninanspruchnahme: Ein zunehmendes Problem

Die Ursachen der zunehmenden Flächeninanspruchnahme in Deutschland in den letzten Jahrzehnten sind vielfältig. So ist ein Anstieg der Wohnfläche pro Person von im Jahre 1950 noch 14 Quadratmetern auf heute ca. 43 Quadratmeter erfolgt. Hiermit verbunden war eine erhebliche Verkleinerung der Haushaltsgröße von über drei Personen im Jahre 1950 auf heute nur noch durchschnittlich zwei Personen. Weitere Ursachen für die steigende Flächeninanspruchnahme in der Nachkriegszeit waren der Zuzug von Bevölkerung, eine zunehmende Suburbanisierung, eine Standortvergrößerung beim Gewerbe und hier speziell beim Einzelhandel sowie eine erhebliche Zunahme bei den Verkehrsflächen. Zum Zwecke der Schonung des Außenbereichs und gerade angesichts der nach wie vor anhaltenden Flächeninanspruchnahme gewinnt daher die Mobilisierung von Baulandpotentialen im Innenbereich unserer Städte und Gemeinden immer mehr an Bedeutung.

Dies wird auch durch weitere und zum Teil divergierende Entwicklungen belegt: So beträgt auf der einen Seite die in Anspruch genommene Siedlungs- und Verkehrsfläche pro Tag in Deutschland aktuell 113 Hektar und damit die Größenordnung von zwei mittleren Bauernhöfen. Auf der anderen Seite erfolgt diese erhebliche Flächeninanspruchnahme trotz der hiermit einhergehenden demografischen Entwicklung und der in vielen Regionen bereits feststellbaren Schrumpfung der Bevölkerung und eines damit verbundenen wachsenden Leerstandes. Mit einem Rückgang der Bevölkerung konfrontiert bzw. in Zukunft konfrontiert sind dabei nicht nur viele Städte und Gemeinden der neuen Länder, sondern zunehmend auch Regionen der alten Länder. Hierzu gehören das Saarland, Teile der Pfalz, der nordöstliche Teil Bayerns, das nördliche Ruhrgebiet, aber auch wirtschaftsschwache Regionen in Hessen, Schleswig-Holstein und Niedersachsen.

Vor diesem Hintergrund ist das Ziel der Bundesregierung, bis zum Jahre 2020 die tägliche Flächeninanspruchnahme in Deutschland auf 30 Hektar pro Tag zu reduzieren, durchaus nachvollziehbar. Daher muss es das Bestreben aller verantwortlichen Akteure sein, den bereits seit längerem bestehenden Programmsatz in § 1 Abs. 2 S. 1 BauGB „*Mit Grund und Boden soll sparsam und schonend umgegangen werden*" verstärkt in die Praxis umzusetzen. Allerdings muss auch hierbei den unterschiedlichen Rahmenbedingungen in Deutschland („Wachstums- und Schrumpfungsregionen") genauso Rechnung getragen werden wie einem sachgerechten Verhältnis zwischen einer Reduzierung der Flächeninanspruchnahme einerseits und den damit ggf. verbundenen sozialen oder ökonomischen Folgewirkungen andererseits.

Auch ist es erforderlich, die rein quantitativen Statistikzahlen bei der Flächeninanspruchnahme zum Zwecke einer sachgerechten Steuerung durch qualitative Differenzierungen zu ergänzen. So ist nicht unbedingt nachvollziehbar, dass per se ein ökologisch genutzter Hausgarten als „Flächeninanspruchnahme" gilt, während ein intensiv genutztes Landwirtschaftsgrundstück in die Statistik als Freiraum eingeht.

Hinzu kommt, dass eine abnehmende Bevölkerung nicht unbedingt zu einem Rückgang der Flächeninanspruchnahme führt. So hat es z. B. in Deutschland nicht zuletzt angesichts des wachsenden Wohlstandes eine Zunahme der Wohnfläche pro Einwohner von noch 15 Quadratmetern in den 1950er Jahren auf heute über 40 Quadratmeter gegeben. Auch andere gesellschaftliche Entwicklungen, wie die „Versingelung" der Haushalte, wirken tendenziell einer Reduzierung der Flächeninanspruchnahme entgegen.

2. Sonderfall: Stadtumbau

Gerade das Beispiel des Stadtumbau Ost macht zudem eines deutlich: Der Abriss von ca. 270.000 Wohnungen seit dem Jahr 2002 hat hier angesichts des parallel stattfindenden Bevölkerungsverlustes nur zu einer leichten Minderung des Leerstands geführt.

Obwohl der Abriss in den Städten und Gemeinden der neuen Länder maßgeblich Plattenbauten umfasst hat, finden sich dennoch auch in den sanierten Altstädten mit bis zu ca. 20 % erhebliche Leerstandsquoten. Zur Nutzung der Altstädte und Ortskerne für das Wohnen sind daher innovative Lösungen gefragt. So ermöglicht zum Beispiel die Stadt Görlitz insbesondere den bisherigen Bewohnern der „Platte" für einige Zeit ein kostengünstiges Probewohnen in Häusern der historischen Innenstadt mit dem Ziel, diese für eine derartige Wohn- und Lebensform zu gewinnen.

Dennoch wird bis 2016 ein Abriss weiterer 410.000 Wohnungen in den neuen Ländern prognostiziert. Hierunter sind auch nicht marktfähige Altbauten, etwa an viel befahrenen Durchgangsstraßen. Schon jetzt zeichnet sich aufgrund der Bevölkerungsentwicklung ab, dass es immer mehr auch eines Stadtumbaus West bedarf, um den zunehmenden Wirtschafts- und Strukturproblemen in Teilregionen der alten Länder entgegen zu wirken.

3. Innenentwicklung als Gebot der Nachhaltigkeit

Die Mobilisierungspotentiale in den Innenbereichen unserer Städte und Gemeinden sind mit vielfach 20 bis 30 % (Baulücken, Reaktivierung von Brachflächen, Nachverdichtung, Unternutzung etc.) hoch. Hier Flächen zu aktivieren ist ein Gebot der Nachhaltigkeit. Nicht nur der Freiraum und die Ressource „Boden" werden geschützt und es wird zu einer Verkehrsvermeidung („Kompakte Gemeinde") beigetragen. Gerade in Innenbereichen und damit im Bestand kann auch sehr gut eine soziale Integration von Neubürgern gelingen. Häufig sind auch eine Ausnutzung der bestehenden Infrastruktur in den Innenstädten und Ortskernen (Geschäfte, Schulen, Nahversorgung etc.) und der Anschluss an die bereits vorhandenen Erschließungsanlagen mit einer Kostenersparnis verbunden.

Natürlich ist umgekehrt eine Mobilisierung von Potentialen in den Innenbereichen auch Hemmnissen ausgesetzt. Diese bestehen in vorhandenen Altlasten, zu hohen Aufbereitungskosten, aber auch in Konflikten mit dem Lärmschutz sowie in Widerständen von Nachbarn gegen eine „zu dichte Bebauung". Schließlich kann schon aus ökologischen Gründen (Bsp.: Artenschutz) nicht jede Baulücke und damit möglicherweise die letzte Klimaschneise zugebaut werden.

4. Schutz der Ressource Boden verstärkter im Bewusstsein verankern

Dennoch ist es für eine verstärkte Nutzung der Mobilisierungspotentiale in den Innenbereichen ganz entscheidend, dass alle Verantwortungsträger und damit auch die Bürger ein verstärktes Bewusstsein für den Schutz der Ressource „Boden" bekommen.

Andere Themen sind gegenüber dem Problem „Flächeninanspruchnahme" wesentlich mehr im Fokus der Öffentlichkeit. Beispielhaft zu nennen sind nur der Klimaschutz und die Energieeinsparung. Auch die Themen Lärmschutz und Luftqualität (Feinstaub) erzeugen eine unmittelbare Betroffenheit der davon beeinträchtigten Bürger und sind in der Problemskala ganz oben angesiedelt.

II. Kommunale Baulandstrategien zur Schonung des Außenbereichs

Dennoch können gerade die Kommunen als entscheidende Akteure neben der in der Praxis vielfachen Anwendung des § 34 BauGB (Zulässigkeit von Vorhaben innerhalb der im Zusammenhang bebauten Ortsteile) auch viele Baulandstrategien und Instrumente zur Aktivierung der Mobilisierungspotentiale insbesondere im Innenbereich (Bsp.: Brachfläche) einsetzen:

Bei der Anwendung der konkreten Strategie sind die Gesichtspunkte der Kosten sowie der Steuerungsmöglichkeit und der Effizienz der Planung, der rechtlichen und politischen Durchsetzbarkeit insbesondere im Rat (Akzeptanz) und der Verwaltungsaufwand sowie auch die Verfahrensdauer von entscheidender Bedeutung. Demgemäß orientiert sich auch die Wahl der einzelnen kommunalen Instrumente an diesen Prüfpunkten.

Dabei kommt es angesichts der vielfach sehr schwierigen kommunalen Haushaltssituation darauf an, eine durch die kommunalen Planungen und Maßnahmen bewirkte positive Bodenwertentwicklung für die Gemeinden auch nutzbar zu machen. Häufig wird eine für die Gemeinde nutzbar gemachte Wertsteigerung mit weiteren kommunalen Zielen einer Innenentwicklung und eines preiswerten Wohnbaulands, z. B. für Familien mit Kindern oder auch Ortsansässigen („Einheimischenmodell"), verbunden.

III. Bewertung der einzelnen Planverwirklichungsinstrumente

Vor dem Hintergrund der aufgezeigten Prüfpunkte lassen sich die einzelnen kommunalen Planverwirklichungsinstrumente wie folgt bewerten:

1. Traditionelle Angebotsplanung

Die traditionelle Angebotsplanung in einer Gemeinde erfolgt auf der Basis des prognostizierten (Wohnungs-)Bedarfs. Die Verfahrensdauer einer derartigen traditionellen Angebotsplanung (Bauleitplanung) liegt je nach Komplexität und Schwierigkeitsgrad des zu beplanenden Gebiets bei ca. ein bis zwei Jahren.

Zwar ist bei der traditionellen Angebotsplanung durchaus die rechtliche und auch politische Durchsetzbarkeit in den kommunalen Gremien gewährleistet. Auch ist bei Eintritt der planerischen Prognosen von einer Effektivität dann auszugehen, wenn in einer Gemeinde eine starke Wohnungsnachfrage besteht.

Als negativ schlagen aber bei der traditionellen Angebotsplanung eindeutig die hohen kommunalen Kostenbelastungen, bei denen die Gemeinden nur 90 % der Erschließungskosten geltend machen können, zu Buche. Demgegenüber hat der von der „Wünschelrute" der Bauleitplanung Begünstigte (Bsp.: Landwirt) gleichsam über Nacht und ohne eigenes Zutun eine erhebliche Wertsteigerungen seines Grundstücks zu verzeichnen. Auch muss berücksichtigt werden, dass bei diesem „Modell" wegen der „nur" vorhandenen Bedarfsprognose keine gesicherte Planverwirklichung erreicht werden kann.

2. Klassische Bodenvorratspolitik

Bei der klassischen Bodenvorratspolitik steuert die Gemeinde ihre Entwicklung durch einen frühzeitigen Ankauf, also durch einen Durchgangserwerb des (Innenbereichs-)Baulands und durch eine ggf. erforderliche Überplanung und Entwicklung der Flächen sowie durch den anschließenden Verkauf an Bauwillige. Häufig werden die finanziellen Mittel für den gemeindlichen Durchgangserwerb über einen revolvierenden Fonds, der sich aus den Verkäufen des entwickelten Baulands speist, bereitgestellt.

Die Kosten der Baugebietsentwicklung für die Gemeinde werden demgemäß aus der Differenz zwischen dem relativ geringen Ankaufspreis und dem durch die Planung und Entwicklung des Baulands erheblich gestiegenen Verkaufspreis finanziert.

Entsprechend positiv ist die Effektivität und Steuerungsmöglichkeit der Gemeinde bei dieser Form der Planverwirklichung zu beurteilen. Durch die – wenn auch nur vorübergehende – Schaffung gemeindlichen Eigentums, kann die Gemeinde die Baulandentwicklung, etwa auf einer ehemaligen Brachfläche im Innenbereich, steuern. Die rechtliche und politische Durchsetzbarkeit der Bodenvorratspolitik ist vor diesem Hintergrund sowie vor dem Hintergrund der Kostenminimierung ebenfalls als sehr hoch anzusehen.

Negativ ist die Bodenvorratspolitik dann, wenn den Gemeinden keine entsprechenden Finanzmittel für den Durchgangserwerb zur Verfügung stehen oder es keine ausreichende Zahl von zum Verkauf stehenden (Innenbereichs-)Flächen gibt. Umgekehrt ist die Bodenvorratspolitik dort gut eingeführt (insbesondere: Süddeutschland), wo sie bereits frühzeitig angewandt wurde und sich durch revolvierende Fonds finanziert.

3. Städtebauliche Verträge

Bei den städtebaulichen Vertragsformen (§§ 11 und 12 BauGB) beteiligt sich der Eigentümer / Investor zumindest teilweise auch an den Maßnahmen und Kosten der Planerstellung und Planverwirklichung. Dies erfolgt zum Beispiel dadurch, dass der Eigentümer des Grundstücks oder der Investor einer Gemeinde die Kosten der von ihr durchgeführten Maßnahmen erstattet, um dann später selbst die Baugrundstücke zu bebauen oder aber zu verkaufen. Diese Formen der städtebaulichen Verträge machen im Hinblick auf die Planverwirklichung dann besonderen Sinn, wenn sie mit Bau- und Veräußerungspflichten verbunden sind und daher die Gewähr für eine Realisierung bieten. Allerdings sind gerade diese Verträge nach der Rechtsprechung des OLG Düsseldorf („Ahlhorn- Rechtsprechung") ab Überschreiten der EU-Schwellenwerte von 5,15 Millionen Euro europaweit ausschreibungspflichtig. Hier wird ggf. erst die endgültige Entscheidung des EuGH in dem vom OLG

Düsseldorf am 02. Oktober 2009 vorgelegten Fall „Wildeshausen" Rechtsklarheit bringen.

In den städtebaulichen Verträgen können ebenfalls die Durchführung und die Refinanzierung (Bsp.: Folgekosten für die soziale Infrastruktur) der Maßnahmen geregelt werden, die Voraussetzung oder Folge der Entwicklung neuer Baugebiete sein sollen. In diesem Rahmen ist auch eine unentgeltliche Abtretung der Erschließungs- und sonstigen Gemeinbedarfsflächen in Umlegungsverfahren möglich.

Städtebauliche Verträge bieten erfahrungsgemäß eine sehr hohe Effektivität und Steuerungsmöglichkeit, insbesondere wenn sie mit einer Bau- und Nutzungsverpflichtung verbunden sind. Einher geht diese Effektivität und Steuerungsmöglichkeit mit einer breiten rechtlichen und auch politischen Durchsetzbarkeit (Akzeptanz) in den Gemeinden. Denn wo Vertragsparteien sich einigen, ist grundsätzlich nicht davon auszugehen, dass es zu Rechtsstreitigkeiten kommt. Eine relativ geringe Verfahrensdauer und geringe kommunale Kosten sind die Folge.

Gerade die hohe Effizienz der städtebaulichen Verträge für die Planverwirklichung bei gleichzeitig geringem Kostenaufwand führen in der kommunalen Praxis zu einer immer weiter steigenden Anwenderzahl.

4. Kommunale Baulandstrategien

Immer mehr setzen sich in den Städten und Gemeinden kommunale Baulandstrategien gerade zur gezielten Mobilisierung von Innenbereichspotentialen (Brachen etc.) durch. In Verbindung mit den vereinfachten Möglichkeiten, die seit dem 01. Januar 2007 die sogenannten Bebauungspläne der Innenentwicklung nach § 13a BauGB bieten, erfolgt danach eine Bebauungsplanaufstellung durch die Gemeinde nur, wenn

- diese vorab zu einem gewissen Prozentsatz oder vollständig Eigentümerin der Flächen geworden ist und
- sich der Investor unter (Teil-)Verzicht auf den Wertzuwachs an den Folgekosten der kommunalen Planung sowie der Maßnahmen beteiligt.

Für eine derartige kommunale Baulandstrategie ist ein politischer Konsens anzuraten. Insbesondere die Koppelung mit Bebauungsplänen der Innenentwicklung nach § 13a BauGB kann zu erheblichen Beschleunigungen und Erleichterungen führen. Das danach bei der Inanspruchnahme eines Gebiets von weniger als 20.000 Quadratmetern Grundfläche mögliche Absehen von der Aufstellung eines Umweltberichts sowie die Möglichkeit, von den Darstellungen eines Flächennutzungsplans abzuweichen und auf die sogenannte Eingriffsregelung zu verzichten, führt jedenfalls zu einer zügigen und zielgerichteten Mobilisierung von Innenbereichsflächen.

Um das eigene – gute – Konzept nicht auszuhöhlen sollte aber eine derartige Mobilisierungsstrategie stets in interkommunaler Abstimmung mit den Nachbargemeinden erfolgen. Voraussetzung einer Mobilisierung der Potentiale ist immer auch eine Bestandsaufnahme der vorhandenen Mobilisierungs- und Entwicklungsmöglichkeiten. Hier können geografische Informationssysteme (GIS) und auch ein Baulandkataster (§ 200 BauGB) wertvolle Hilfe leisten.

In praktischer Hinsicht ist es zur Mobilisierung der vorhandenen Potentiale sinnvoll, wenn potentiellen Investoren, Bauherren und Nutzern konkrete Angebote über die Bau- und Nutzungsmöglichkeiten im Gebiet an die Hand gegeben werden und über bestehende Fördermöglichkeiten informiert wird.

5. Städtebauliche Entwicklungsmaßnahmen

Mit städtebaulichen Entwicklungsmaßnahmen wird die zügige und kostengünstige Entwicklung von Ortsteilen oder Teilen des Gemeindegebiets mit besonderer Bedeutung für die städtebauliche Entwicklung verwirklicht (§§ 165 ff. BauGB). Das Instrument der städtebaulichen Entwicklungsmaßnahme findet jedoch aktuell insbesondere wegen des in vielen Regionen eher entspannten Bodenmarkts eine geringe Anwendung.

Hinzu kommt, dass trotz einer hohen Steuerungsmöglichkeit und einer hohen Partizipation der Gemeinde an der Wertsteigerung des entwickelten Baulandes die städtebauliche Entwicklungsmaßnahme als „schärfstes Schwert" des Städtebaurechts (Enteignungsmöglichkeit) eine geringe rechtliche und politische Durchsetzbarkeit hat.

Städtebauliche Entwicklungsmaßnahmen kommen daher allenfalls dann zur Anwendung, wenn Gebiete mit einem hohen Entwicklungsdruck betroffen sind. Auch in diesen Fällen wird aber die städtebauliche Entwicklungsmaßnahme primär als Druckmittel gegenüber dem Eigentümer eingesetzt, um in der Folge in vertragliche Kooperationsformen überführt zu werden.

6. Baugebote

Mit Baugeboten (s. § 176 BauGB) sollen Eigentümer eines nicht bebauten Grundstücks verpflichtet werden, innerhalb einer bestimmten Frist ihre Grundstücke bebauungsplangemäß zu bebauen oder ein vorhandenes Gebäude beziehungsweise eine Anlage den Festsetzungen des Bebauungsplans anzupassen.

Klassische Gebiete für Baugebote sind die unbeplanten Innenbereiche. Dennoch müssen die Baugebote nicht zuletzt wegen ihrer einengenden rechtlichen Vorgaben nach wie vor als „stumpfes Schwert" des Städtebaurechts bezeichnet werden. So ist die Voraussetzung für den Erlass von Baugeboten, insbesondere die wirtschaftliche

Zumutbarkeit für den Eigentümer, sein Grundstück zu bebauen, äußerst schwer nachweisbar. In der Regel kommt es daher bei der Durchsetzung des Zwangsinstruments eines Baugebots zu (Rechts-)Streitigkeiten mit dem Eigentümer.

Hieraus folgt, dass eine rechtliche und auch politische Durchsetzbarkeit des Baugebots in den Gemeinden regelmäßig nicht vorhanden ist. Hinzu kommt die mangelnde Breitenwirkung eines auf den Einzelfall bezogenen Baugebots. Zwar muss daher ein Baulückenkataster (§ 200 Abs. 3 BauGB) durchaus als sinnvoll für eine gezielte Baulandentwicklung (Bestandsaufnahme) in den Gemeinden angesehen werden; für die Durchsetzung eines Baugebots gemäß § 176 BauGB liegen demgegenüber so gut wie keine Fälle in der kommunalen Praxis vor.

7. Vorkaufsrechte

Dem Vorkaufsrecht kommt als Sicherungs- und Planverwirklichungsinstrument für Innenbereichsgrundstücke insoweit eine größere Bedeutung zu. Der durch das Vorkaufsrecht bezweckte vorrangige Eintritt der Gemeinde in einen zwischen anderen Parteien geschlossenen Kaufvertrag hat zwar den Nachteil, dass die Gemeinde die Kaufsumme bereitstellen muss. Hierfür fehlen ihr häufig die Finanzmittel. Auch ist die Ausübung des Vorkaufsrechts stets an einen Kaufvertrag gebunden. Schließlich hat auch das Vorkaufsrecht wegen der Einzelfallbezogenheit keine Breitenwirkung.

Dennoch kann sich ein eingeschränkter Anwendungsbereich des Vorkaufsrechts bei städtebaulich bedeutsamen Einzelvorhaben, insbesondere im Innenbereich (Brachflächenaufbereitung etc.), ergeben. Das gemeindliche Vorkaufsrecht kann daher trotz seiner seltenen Anwendung als sinnvolles Instrument zur Planverwirklichung angesehen werden.

8. Ergänzende Planverwirklichungs-, Sicherungs- und Aufwertungsinstrumente

In Zusammenhang mit den Planverwirklichungs- und Sicherungsinstrumenten muss auch sowohl die in Süddeutschland häufig praktizierte freiwillige als auch die amtliche Umlegung ebenso erwähnt werden, wie die Veränderungssperre (§§ 14 ff. BauGB). Auch können auf der Grundlage des im Jahre 2007 neu eingeführten § 171f BauGB private Initiativen zur Stadtentwicklung (BID, ISG) dazu beitragen, Innenbereiche attraktiver zu gestalten, um damit Mobilisierungspotentiale zu aktivieren.

9. Attraktivitätssteigerung über kommunale Satzungen und über Förderprogramme

Die rechtlichen Möglichkeiten zur kommunalen Steuerung der Planverwirklichung über Erhaltungs-, Gestaltungs- und Denkmalbereichssatzungen dürfen ebenfalls nicht unerwähnt bleiben. Diese Instrumente dienen der konkreten Planumsetzung, insbesondere der Verwirklichung der Ortsbildpflege und der Erhaltung der städtebaulichen Eigenart eines Gebiets. Sie sind daher nicht wegzudenkende und positiv zu beurteilende Möglichkeiten zur Attraktivitätssteigerung von Innenstädten und Ortskernen.

Auch gezielte Programme der Innenstadt- und Ortskernförderung, wie insbesondere das klassische Städtebauförderungsprogramm, das Programm städtebaulicher Denkmalschutz sowie das neue Programm Aktive Stadt- und Ortsteilzentren bergen eine große Chance in sich, zur Attraktivitätssteigerung von Innenstädten und Ortskernen beizutragen. Damit können im Innenbereich positive Voraussetzungen zur Aktivierung von Mobilisierungspotentialen geschaffen werden.

IV. Bedeutungsgewinn ökonomischer Steuerungsinstrumente

Angesichts der kommunalen Wirtschafts- und Haushaltssituation, die durch die Wirtschafts- und Finanzkrise zunehmend schlechter wird, heißt das Gebot der Stunde: Nicht nur marktgerecht planen, sondern auch marktgerecht mobilisieren.

Als praktische Beispiele eines kommunalen und strategischen Baulandmanagements kann auf die verschiedenen Aktivitäten von Kommunen in den einzelnen Bundesländern verwiesen werden. Dort haben sich die Akteure, speziell die Städte und Gemeinden, wie beim Bauforum Rheinland-Pfalz oder dem Forum Bauland in Nordrhein-Westfalen, zusammengeschlossen, um eine strategische Baulandmobilisierung zu forcieren.

V. Rechtliche Ergänzung durch „zoniertes Satzungsrecht"

Über die bestehenden rechtlichen und strategischen Instrumente hinaus fordern die kommunalen Spitzenverbände daneben schon seit langem als ergänzende Möglichkeit zur Planverwirklichung die Einführung eines so genannten „zonierten Satzungsrechts" (Novellierung des Grundsteuerrechts).

Ziel dieses zonierten Satzungsrechts ist es, dass eine Gemeinde baurechtlich bebaubare, aber tatsächlich unbebaute Grundstücke auf der Grundlage einer kommunalen Satzung zum Zwecke der Planverwirklichung mit einem höheren Grundsteuerhebesatz belegen kann. Auf diesem Wege könnte verhindert werden, dass Grundstückseigentümer ihre Grundstücke aus Gründen der Spekulation für längere Zeit nicht bebauen.

VI. Fazit

Als Fazit der Mobilisierungsinstrumente insbesondere für den Innenbereich lässt sich feststellen, dass die örtlich sowie regional unterschiedlichen Ausgangssituationen in den Gemeinden auch unterschiedliche kommunale Strategien erfordern. Die reine Angebotsplanung wird angesichts der mit ihr verbundenen Kostenbelastung für die Gemeinden mehr und mehr zum Auslaufmodell.

Stattdessen gewinnen kooperative und konsensuale Strategien, insbesondere städtebauliche Verträge, mehr und mehr für eine effiziente Mobilisierung von Bauland an Bedeutung.

Stark hoheitlich geprägte Instrumente (Städtebauliche Entwicklungsmaßnahme, Baugebote etc.) sind demgegenüber wegen ihres Zwangscharakters in der kommunalen Praxis kaum verbreitet. Der eigentliche Zweck liegt hier allenfalls darin, als Druckmittel zur Planverwirklichung zu dienen und die Bauherren für ein Vertragsmodell zu gewinnen.

Wesentlich für den Planverwirklichungserfolg in einer Gemeinde ist die Abstimmung mit den Nachbargemeinden. Es nutzt die beste kommunale Mobilisierungsstrategie nichts, wenn die Nachbargemeinde diese durch völlig andere Maßnahmen unterläuft.

Die bisherigen Mobilisierungsmodelle des Baugesetzbuches sind grundsätzlich ausreichend und flexibel einsetzbar. Sie bieten den Gemeinden ein breites rechtliches Spektrum von Anwendungsmöglichkeiten. Eine Ergänzung bietet sich nur im Grundsteuerrecht durch Einführung eines zonierten Satzungsrechts an.

Angesichts der aktuellen Rahmenbedingungen werden neben den ökologischen zunehmend soziale und ökonomische Gesichtspunkte für eine Aktivierung der Mobilisierungspotentiale im Innenbereich der Städte und Gemeinden an Bedeutung gewinnen.

II Biogasanlagen nach § 35 Abs. 1 Nr. 6 BauGB – im Anschluss an die Entscheidung des BVerwG vom 11.12.2008[1]

Franz Guttenberger

Bevor ich mich mit den rechtlichen Fragen zur Errichtung und zum Betrieb einer Biogasanlage befasse, möchte ich auf die zuletzt in der Fachpresse wiederholt erschienenen Bilder eingehen, die insbesondere zum einen die Größenverhältnisse einer derartigen Anlage im Vergleich zu einem Wohngebäude verdeutlichen und zum anderen auch die Funktionsweise einer Biogasanlage in den Blick nehmen. Dabei fragt sich ganz unwillkürlich, ob derartige Anlagen – wie von interessierten Kreisen gefordert – tatsächliche ohne Größenbegrenzung im Außenbereich zugelassen werden sollen. Ein nicht zu knapp bemessener Schutz des Außenbereichs scheint hierbei nicht von der Hand zu weisen sein. Zur Funktionsweise: Eine Biogasanlage kann auf der Basis unterschiedlicher Einsatzstoffe betrieben werden, etwa anstatt unter dem Einsatz nachwachsender Rohstoffe (Nawaro-Anlagen) weitgehend auf der Basis von Gülle oder Klärschlamm. Gängige Systemabbildungen erfassen oft die üblichen Trocken-Nass-Simultan-Biogasanlagen, wie sie das Gesetz im Außenbereich noch zulässt. Diese Vergärungsanlagen bestehen aus mehreren in einer Halle luftdicht installierter Trockenfermenter mit angeschlossenen Biofiltern sowie meist aus zwei – zusätzlich auch wegen der Geruchsentwicklung – abgedeckten Rundbehältern, in denen die Nassfermentation und das Endlager untergebracht sind. Die Verbrennungsmotoranlage mit 0,5 MW (500 kW) elektrischer Leistungskapazität (die zulässige Leistungsbegrenzung im Außenbereich nach geltendem Recht) ist Bestandteil eines Blockheizkraftwerks (BHKW) mit angeschlossener Gasfackel. Die benötigte Jahresdurchsatzmenge einer derartigen Biogasanlage beträgt ca. 16.000 t Biomasse.

Diese 16.000 t Biomasse sollten in dem vom Bundesverwaltungsgericht entschiedenen Fall zum einen durch den Anbau von Triticale (ein Züchtungsverschnitt aus Weizen und Roggen) sowie einer Untersaat (Klee-/Grasgemisch, das nach Abernten des Getreides als Zwischenfrucht nachwächst) mit einer jährlich anfallenden Biomasse von 8.200 t aufgebracht werden (womit der gesetzlichen Vorgabe der überwiegenden Produktion der Biomasse auf eigenen Flächen entsprochen wäre) und zum anderen durch die Zulieferung von 6.600 t kommunalen Grünshredders (kompostierbare Abfälle) und 1.200 t Pferdemist aus einem benachbarten Gestüt; das Betriebskonzept ging damit von der Produktion von ca. 100 t Biomasse je Hektar verfügbarer Betriebsflächen im Jahr aus. – Nachdem im Verwaltungsverfahren in Zweifel gezogen wurde, ob auf den im Genehmigungsantrag benannten Flächen von 80 ha mehr als die Hälfte des jährlichen Inputs der Anlage produziert werden kann (mehrere Gutachten gehen von maximal 50 t/ha/a produzierbarer Biomasse aus, eine Produktion von 100 t/ha/a sei angesichts der hiesigen Niederschlagsmen-

---

[1] Urteil vom 11. Dezember 2008 – BVerwG 7 C 6.08 – DVBl 2009, 382.

gen illusorisch), hat der Antragsteller und spätere Kläger im Verfahren vor dem Verwaltungsgericht schließlich Kooperationsverträge mit benachbarten Betrieben vorgelegt über Nutzflächen von 60 ha bzw. 130 ha befristet auf die Jahre 2006 - 2016. Nicht zu entnehmen war den beiden Formularverträgen der Bundesanstalt für Landwirtschaft und Ernährung eine Preisabsprache; dabei blieb umstritten, ob derartige - wegen der stark schwankenden Erzeugerpreise in der Landwirtschaft, etwa für Mais als Einsatzstoff – unter Landwirten überhaupt üblich seien. Unstreitig gingen die Beteiligten des Verfahrens schließlich davon aus, dass zur gesetzlich vorgesehen Produktion der überwiegenden Biomasse auf eigenen Betriebsflächen der Kläger gesicherten Zugriff auf ca. 160 bis 170 ha landwirtschaftlicher Nutzfläche haben muss. Zumindest für den süddeutschen Raum ein ganz beachtliches Ausmaß. Der Tagesinput bzw. Tagesoutput einer derartigen Anlage beträgt 40 bis 50 t Biomasse, die mit Fahrzeugen mit bis zu 18 t Zuladung, somit bis zu einem Gesamtgewicht von mehr als 30 t an- und abgefahren werden sollten und zwar auf landwirtschaftlichen Wegen, die auf eine Belastung mit 5,5 t ausgelegt waren.

Biogasanlagen haben durch das EAG Bau 2004 in § 35 Abs. 1 Nr. 6 BauGB eine eigene Privilegierungsregelung erhalten, die neben gewichtigen anderen Faktoren die Errichtung derartiger Anlagen in einem Maße befördert hat, das manche gar von einem „Boom" sprechen lässt. Die Bundesregierung zielt zur Erreichung ihrer Klimaschutzziele, aber auch der der EU, auf eine Verdreifachung der Biomassenutzung; bis 2030 sollen 10 % des derzeitigen Erdgasverbrauchs durch Biogasnutzung ersetzt werden.[2] Dabei war im Gesetzgebungsverfahren die Größe der im Außenbereich zulässigen Biogasanlagen umstritten, wobei heute noch von interessierten Kreisen eine übermäßige Einschränkung durch die Begrenzung der elektrischen Leistung auf 500 kW bemängelt wird; der Referentenentwurf enthielt eine Beschränkung auf 2 MW, dem Gesetzesentwurf der Bundesregierung fehlte diesbezüglich jegliche Einschränkung. Erst die Länder setzten schließlich im Bundesrat zum Schutz des Außenbereichs die nunmehrige gesetzliche Regelung mit der Beschränkung der elektrischen Leistung auf 500 kW durch.

Die folgenden Ausführungen werden sich nicht mit dem Inhalt der Biomasseverordnung befassen, die in § 2 Abs. 1 eine diesbezügliche Definition enthält. Ebenso wird nicht eingegangen auf das neue EEG 2009 (Erneuerbare Energien Gesetz)[3] mit den degressiven Grundvergütungsregelungen für Biogasanlagen und einem in der Anlage 2 geregelten „Nawaro-Bonus".

---

[2] Pielow/Schimansky, UPR 2008, 129.
[3] Ausführlich Wernsmann, AUR 2008, 329.

I. Rechtsgrundlagen der Genehmigung, § 6 Abs. 1 Nr. 2 i. V. m. § 13 BImSchG bzw. § 35 Abs. 1 Nr. 6 BauGB

Einer immissionsschutzrechtlichen Genehmigung bedarf es nur dann, wenn der jeweilige Anlagentyp der Biogasanlage im Anhang der 4. BImSchV eine Regelung gefunden hat.[4] Dies gilt

- für eine Biogaserzeugung in Anlagen zur biologischen Behandlung von Abfällen ab einem Tagesdurchsatz von 10 t, Nr. 8.6 Sp. 2 lit. b) des Anhangs. Dabei ist zu beachten, dass nachwachsende Rohstoffe wie Triticale, aber auch Gülle (§ 2 Abs. 2 Nr. 1a KrW-/AbfG) keinen Abfall darstellen im Gegensatz zu Grünshredder als kompostierbarem Abfall,

- für Biogasanlagen mit einem Güllelager, Nr. 9.36 des Anhangs, wobei zuletzt das genehmigungsbedürftige Fassungsvermögen von 2.500 m^3 auf 6.500 m^3 angehoben worden ist, somit auf eine Dimensionierung, die für Biogasanlagen im Außenbereich nicht erforderlich ist,

- im besonderen Maße für die Nutzung des erzeugten Biogases in Verbrennungsmotoranlagen oder Gasturbinenanlagen zur Stromerzeugung mit einer (Gesamt-)Feuerwärmeleistung (Summe von erzeugter Wärme und erzeugtem Strom) von mehr als 1 MW, Nr. 1.4 und Nr. 1.5 jeweils Sp. 2 lit. b) aa) des Anhangs. Dabei ist zu beachten, dass vor wenigen Jahren der Wirkungsgrad eines mit Biogas betriebenen Verbrennungsmotors bei ca. einem Drittel der Feuerwärmeleistung lag (etwa 1,5 MW Feuerwärmeleistung ergaben 0,5 MW elektrische Leistung), während er nunmehr auf Grund neuerer Techniken bei annähernd 50 % liegt. Steigt der elektrische Wirkungsgrad der Verbrennungsmotoren weiter an, wird bei einer im Außenbereich privilegierten elektrischen Leistung von 0,5 MW die hierfür benötigte Feuerwärmeleistung der Anlage auf unter 1 MW sinken mit der Folge, dass insoweit keine immissionsschutzrechtliche Genehmigung, sondern lediglich mehr eine Baugenehmigung erforderlich ist. Für den Zuständigkeitsbereich des Bundesverwaltungsgerichts würde dies bedeuten, dass nicht mehr der 7. Senat, sondern der 4. Senat zur Entscheidung berufen wäre.

Geht man also davon aus, dass bei Inkrafttreten des EAG Bau im Jahre 2004 die „elektrische" Ausbeute bei ca. einem Drittel der Feuerwärmeleistung der Verbrennungsmotoranlage lag, waren lediglich Biogasanlagen im Außenbereich mit einer elektrischen Leistung von ca. 0,35 MW allein baugenehmigungspflichtig (da unter 1 MW Feuerwärmeleistung). Derartig kleine Anlagen dürften aber schon damals kaum mehr errichtet worden sein, da zu dieser Zeit der Ruf nach größeren Anlagen

---
[4] Zu den Anlagetypen vgl. Pielow/Schimansky, a. a. O. S. 129 f.

im Außenbereich wegen des günstigeren Kosten-/Nutzungsverhältnisses bereits laut erhoben worden war. Vor 2004 wurden (kleinere) Biogasanlagen nach § 35 Abs. 1 Nr. 1 BauGB im Rahmen einer sog. „mitgezogenen" Nutzung allein bauaufsichtlich genehmigt.

Die Errichtung und der Betrieb reiner Biogasanlagen im Außenbereich mit einer Direkteinleitung des biogenen Gases ins Erdgasnetz[5] unterfällt – entgegen Stimmen in der Literatur[6] – ebenfalls § 35 Abs. 1 Nr. 6 BauGB. Richtigerweise ist auf das Jahr 2004 bezogen eine Umrechnung vorzunehmen. Die Anlage kann privilegiert errichtet werden zur Erzeugung der Menge von Biogas, das im Fall des Betriebs eines BHKW im Zeitpunkt des Inkrafttretens des Gesetzes für eine elektrische Leistung von 0,5 MW erforderlich gewesen wäre.

II. Anlagengröße - ohne Beschränkung auf 0,5 MW elektrischer Leistung

Die Literatur[7] geht verbreitet davon aus, dass für Biogasanlagen mit einer 0,5 MW elektrischer Leistung überschreitenden Größe auf die Privilegierungstatbestände des § 35 Abs. 1 Nr. 3 und 4 BauGB zurückgegriffen werden kann. Dem ist zu widersprechen.[8] Die Privilegierung des § 35 Abs. 1 Nr. 6 BauGB ist als abschließende Regelung zu verstehen, was gegenüber § 35 Abs. 1 Nr. 1 BauGB bereits den Gesetzesmaterialien[9] zu entnehmen ist. Die Privilegierung nach § 35 Abs. 1 Nr. 3 BauGB (öffentliche Versorgung mit Elektrizität) scheitert schon an der von der Rspr. hierfür generell geforderten Standortgebundenheit,[10] die für Biogasanlagen nicht gegeben ist. § 35 Abs. 1 Nr. 4 BauGB ist allein ein Auffangtatbestand für unter die sonstigen Privilegierungen nicht fallende Vorhaben. Zudem stellt sich die Frage nach dem Sinn des neu eingefügten § 35 Abs. 1 Nr. 6 BauGB, wenn größere Anlagen schlicht nach § 35 Abs. 1 Nr. 4 BauGB privilegiert genehmigungsfähig wären.[11] Die Genehmigung einer die Leistungsgrenze von 0,5 MW elektrischer Leistung überschreitenden Biogasanlage als „sonstiges" Vorhaben nach § 35 Abs. 2 BauGB[12] scheitert im Regelfall bereits an der Beeinträchtigung öffentlicher Belange, schon der Flächennutzungsplan wird dem entgegen stehen, § 35 Abs. 3 Nr. 1 BauGB.

---

[5] Vgl. hierzu Pielow/Schimansky, a. a. O.
[6] Loibl/Rechel, UPR 2008, 134 (139).
[7] Loibl/Rechel, a. a. O. S. 139 ff., Mantler, BauR 2007, 50 (62).
[8] Bienek/Krautzberger, UPR 2008, 81 (89); Lampe, NuR 2006, 152 (155); Berkemann/Halama, BauGB 2004 Rn. 68; Söfker, in: EZB § 35 BauGB Rn. 59.
[9] BT-Drs. 15/2250 S. 35.
[10] Urteil vom 16. Juni 1994 – BVerwG 4 C 20.93 – BVerwGE 96, 95 (97 ff.)= Buchholz 406.11 § 35 BauGB Nr. 297; vgl. auch Krautzberger, in: BKL § 35 BauGB Rn. 28.
[11] Kraus, UPR 2008, 218 (221).
[12] Vgl. Söfker, a. a. O. Rn. 59b.

Auch die Genehmigung einer größeren Biogasanlage nach § 34 BauGB scheidet im Regelfall aus. Insbesondere das mit einer derartigen Anlage einhergehende Maß der baulichen Nutzung wird sich in gewachsene Strukturen eines Dorfes nicht einfügen.

Für die Errichtung einer Biogasanlage mit größerer elektrischer Leistung kommt somit in erster Linie die Aufstellung eines vorhabenbezogenen Bebauungsplans – ggf. mit dem Sondergebiet „Stromgewinnung/Biomasse", § 11 Abs. 2 letzter HS BauNVO – in Betracht.[13] Dies hat auch den Vorteil, dass zahlreiche, mit dem Betrieb einer derartigen Anlage einhergehende Betroffenheiten abgewogen werden und diese Anlage in die städtebaulichen Vorstellungen einer Gemeinde integriert wird. Nicht stets wird ein potentieller Anlagenbetreiber aber auf Gemeinden treffen, die seinen Anliegen offen gegenüberstehen. Ggf. kann die Gemeinde durch die Ausweisung von Vorrang- und Eignungsflächen in Aktualisierung des Flächennutzungsplans die Ansiedlung von Biogasanlagen auch erschweren, § 35 Abs. 3 Satz 3 BauGB. Ebenso wird aber in überplanten Industriegebieten die Errichtung und der Betrieb von Biogasanlagen zulässig sein.

III. „Im Rahmen eines Betriebes"

Die in der Literatur umstrittene Frage,[14] ob im Gesetz „mit der energetischen Nutzung im Rahmen eines Betriebs" – wegen der späteren textlichen Einschränkung „unter folgenden Voraussetzungen" – überhaupt ein Tatbestandsmerkmal aufgerufen wird, ist durch das BVerwG in letzterem Sinne beantwortet worden. Das Gericht entnimmt dem Tatbestandsmerkmal „im Rahmen eines Betriebs", dass eine Biogasanlage nur im Anschluss an eine bereits bestehende privilegierte Anlage im Außenbereich errichtet und betrieben werden darf. Der Eingriff in den Außenbereich soll somit nicht in Form eines solitär stehenden Vorhabens erfolgen, vielmehr wird an einen schon vorhandenen landwirtschaftlichen Betrieb (Nr. 1), an einen Gartenbaubetrieb (Nr. 2) oder an einen Tierhaltungsbetrieb (Nr. 4) angeknüpft und damit bereits bestehende Bebauung lediglich erweitert. Diesem einschränkenden Privilegierungsmerkmal kann aber nicht zusätzlich entnommen werden, dass die Biogasanlage gegenüber dem „klassischen" landwirtschaftlichen Basisbetrieb, an den angeknüpft wird, von untergeordneter Bedeutung sein muss. Das in § 35 Abs. 1 Nr. 1 BauGB enthaltene Merkmal des „Dienens" kann auf § 35 Abs. 1 Nr. 6 BauGB ebenso wenig übertragen werden, wie die (räumliche) Beschränkung der Anlage auf die Maße einer noch zulässigen „mitgezogenen" Nutzung.[15] Auch ein

---

[13] Vgl. Hentschke/Urbisch, AUR 2005, 41 (45); Lampe, a. a. O. S. 153.
[14] Mantler, a. a. O. S. 55 ff. einerseits, Kraus, a. a. O. S. 219 andererseits; vgl. die weiteren Nennung bei Manten ZUR 2008, 576 (578 Fn. 18).
[15] Vgl. hierzu Beschluss vom 28. August 1998 – BVerwG 4 B 66.98 – Buchholz 406.11 § 35 BauGB Nr. 336 m.w.N.

im Außenbereich gelegener landwirtschaftlicher Betrieb, der ausschließlich auf die Produktion von Biomasse ausgerichtet ist, kann somit geeigneter Anknüpfungspunkt für die Privilegierung einer angeschlossenen Biogasanlage sein. Die Begründung hierfür folgt schon daraus, dass es sich bei der Produktion von Biomasse gleichfalls um Landwirtschaft im Sinne von § 201 BauGB handelt; deren Gewinnung erfolgt durch Ackerbau, eine unmittelbare Bodenertragsnutzung steht in Mitten.

Mit diesem gesetzlichen Anknüpfen an den landwirtschaftlichen Betrieb scheidet auch das gewerbliche Betreiben eines „isolierten" Biomasse-Kraftwerks durch Nichtlandwirte aus.[16] Ist eine qualifizierte rechtliche Beziehung zwischen dem Inhaber des landwirtschaftlichen Betriebs und dem Betreiber der Biogasanlage unausweichlich, andernfalls ein Betreiben der Anlage im Rahmen eines landwirtschaftlichen Betriebs ausscheidet, so erfordert dies zwar nicht zwingend, dass der Eigentümer der Hofstelle stets auch Eigentümer der Biogasanlage ist.[17] Auch gesellschaftsrechtliche Lösungen sind vorstellbar. Doch wird der Inhaber des landwirtschaftlichen Basisbetriebs maßgeblichen Einfluss auf den Betrieb der Biogasanlage haben müssen, sei es als Geschäftsführer einer Betreiber-GmbH, deren Anteile er zu mehr als 50 % hält, sei es als Inhaber der Kapitalmehrheit einer KG.[18] Dass hierbei nur in untergeordneter Form Platz für bloße Kapitalanleger ist, die der Landwirtschaft ansonsten nicht verbunden sind, ist unausweichlich. Andererseits steht einer gesellschaftsrechtlichen Kooperation mehrerer landwirtschaftlicher Betriebe, die miteinander als Zulieferbetriebe verbunden sind - § 35 Abs. 1 Nr. 6 lit. b) BauGB -, nichts im Wege (die sog. Gemeinschaftsanlagen)[19], solange nur der Inhaber der Hofstelle, an die angeknüpft wird, den maßgeblichen Einfluss behält.

IV. Standort der Anlage

§ 35 Abs. 1 Nr. 6 lit. a) BauGB fordert einen räumlichen Zusammenhang des Vorhabens mit dem Betrieb; anders als in § 35 Abs. 4 Nr.1 lit. e) BauGB spricht das Gesetz aber nicht von einem räumlichen Zusammenhang mit der Hofstelle des landwirtschaftlichen Betriebs. In der Literatur wird daraus verbreitet gefolgert,[20] dass bereits eine räumliche Nähe zu Betriebsflächen ausreichend sei, die Biogasanlage somit auch abseits der Hofstelle auf Betriebsflächen des landwirtschaftlichen Anwesens, also auf Äcker und Wiesen, errichtet werden kann. Dem muss aus

---

[16] Vgl. auch Manten, ZUR 2008, 576 (578); Kraus, a. a. O. S. 219; anders Mantler, a. a. O. S. 55.
[17] Bienek/Krautzberger, a. a. O. S. 90; vgl. auch Söfker, a. a. O. Rn. 59b.
[18] Vgl. Manten, ZUR 2008, 576 (578 f).
[19] Hentschke/Urbisch, a. a. O. S. 43; Kraus, a. a. O.; Berkemann/Halama, a. a. O. Rn. 51; Schomerus/Sanden/Dietrich, NordÖR 2006, 177 (181); weiter gehend Loibl/Rechel, a. a. O. S. 136.
[20] Vgl. etwa Mantler, a. a. O. S. 58 f.; Loibl/Rechel, a. a. O. S. 137 f.; dagegen Kraus, a. a. O. S. 220; Hentschke/Urbisch, a. a. O. S. 44; Bienek/Krautzberger, a. a. O. S. 90.

Gründen des vom Gesetzgeber wiederholt betonten Schutzes des Außenbereichs widersprochen werden. § 35 Abs. 1 Nr. 6 lit. c) BauGB rückt eine etwaige gesetzgeberische Ungenauigkeit auch zu Recht mit dem Abstellen auf die „Hofstelle oder Betriebsstandort". Die Genehmigungsfähigkeit von Altenteilerhäuser betreffend hält die Rspr. bereits eine Entfernung von 300 m zur Hofstelle für unzulässig.[21] Auf Biogasanlagen wird eine derart starre Entfernungsbetrachtung schon angesichts des Flächenbedarfs der Anlage nicht übertragen werden können; doch muss ein unmittelbarer Anschluss an die Hofstelle ersichtlich bleiben. Erwägenswert bleibt, ob nicht auch Betriebsschwerpunkte – wie großen Hallen oder Stallungen, die abseits der Hofstelle errichtet sind - nicht ebenfalls einen räumlichen Zusammenhang zu wahren vermögen. Wiederum zum Schutz des Außenbereichs sind hierfür aber keinesfalls kleine Nebengebäude ausreichend.

Auch der notwendige funktionale Zusammenhang von Vorhaben und Hofstelle erfordert dessen räumliche Nähe zur letzteren. Das BVerwG hat betont, dass mit einem Abstellen auf den funktionalen Zusammenhang auch die gemeinsame Nutzung bestehender Anlagen im Betrieb der Hofstelle und der Biogasanlage sicher gestellt sein soll, so dass sich die Notwendigkeit neuer baulicher Anlagen erübrigt oder zumindest reduziert. Dieses Ziel ist wiederum nur erreichbar bei einer ausreichenden räumlichen Nähe der Anlage zur Hofstelle.

V. Biomasse aus dem eigenen Betrieb oder „nahe gelegenen" Betrieben

Nach § 35 Abs. 1 Nr. 6 lit. b) BauGB muss die für den Betrieb der Anlage erforderliche Biomasse überwiegend, also zu mehr als 50 %, aus dem eigenen Betrieb oder aus diesem und aus nahe gelegenen Betrieben stammen. Damit beschränkt der Gesetzgeber Kooperationsmöglichkeiten auf den näheren Umkreis und setzt so einer überwiegend überregionalen Anlieferung des benötigten Rohmaterials aus ökologischen und volkswirtschaftlichen Gründen Grenzen, um „Biomasse- bzw. Gülletourismus" zu unterbinden.[22]

Dieser vom Gesetzgeber auch hiermit – mittelbar – verfochtene Schutz des Außenbereichs erfordert für die Errichtung und den Betrieb einer Biogasanlage zudem die Beachtung des über die einzelnen Privilegierungstatbestände des § 35 Abs. 1 BauGB hinausgehenden Grundsatzes, dass der Außenbereich nicht lediglich für kurzfristige, nicht abgesicherte Tätigkeiten in Anspruch genommen werden darf. Es entspricht in diesem Zusammenhang der gefestigten Rechtsprechung des

---

[21] Urteil vom 18. Mai 2001 – BVerwG 4 C 13.00 – NVwZ 2001, 1282.
[22] BT-Drs. 15/2250 S. 55.

BVerwG[23], dass ein im Außenbereich privilegiertes, der Landwirtschaft dienendes Vorhaben auf eine gesicherte Nachhaltigkeit der Bewirtschaftung und Dauerhaftigkeit des Betriebs (auch im Sinne einer Überlebensfähigkeit) angelegt sein muss. An diesem, dem jeweiligen Privileg angemessenen Erfordernis der Nachhaltigkeit und Dauerhaftigkeit müssen sich sämtliche in § 35 Abs. 1 BauGB vorgesehenen Privilegierungstatbestände messen lassen[24]. Daraus folgt, dass sowohl der landwirtschaftliche Betrieb selbst als auch die Biogasanlage auf eine gesicherte Nachhaltigkeit und Dauerhaftigkeit angelegt sein müssen; insbesondere letzteres bedingt auch belastbare und dauerhafte vertragliche Beziehungen zu Kooperationspartnern.

Das BVerwG fordert insoweit zum Nachweis der gesetzlichen Voraussetzungen die Vorlage von Kooperationsverträgen an die Behörde, aus denen die Lage der Anbauflächen, der Umfang der anzubauenden Biomasse und die Bezugsdauer (Laufzeit) hervorgehen und die eine Entgeltvereinbarung aufweisen. Nur dann kann auf die Dauerhaftigkeit des Vorhabens im Sinne eines lebensfähigen Unternehmens geschlossen werden. Kurze oder nur jährliche Laufzeiten können ein Indiz dafür sein, dass der Betrieb der Anlage nur kurzfristig gesichert ist, was unzureichend wäre. Eine ähnliche Indizwirkung kann unter Umständen auch dem Fehlen von Preisabsprachen zukommen, sofern es nicht der landwirtschaftlichen Praxis entspricht, auf schriftliche Entgeltabreden zu verzichten, und die vertraglichen Anbau- und Abnahmeverpflichtungen auch ungeachtet etwaiger Preisschwankungen verbindlich sind. Jedenfalls wird der Betreiber der Anlage aber unverändert nachweisen müssen, dass auch bei stark schwankenden Preisen der Bezug der zum Einsatz kommenden Biomasse verlässlich, der Betrieb der Anlage somit rentierlich und damit auf Dauer gesichert ist. Denn die Genehmigung einer Biogasanlage, deren entprivilegierter Betrieb von vorneherein bereits absehbar ist, verbietet sich.[25]

Das BVerwG ist zudem davon ausgegangen, dass zur Sicherstellung der gesetzgeberischen Zielsetzung, überregionale Biomasse- und Gülletransporte zu vermeiden, es nicht auf die Lage der Hofstellen der Kooperationspartner, sondern derjenigen Betriebsflächen ankommt, auf denen die Biomasse angebaut werden soll. Vorbehaltlich siedlungsstruktureller oder betriebsspezifischer Besonderheiten des Einzelfalls sind Betriebsflächen dann „nahe gelegen", wenn sie nicht weiter als 15 bis 20 km von der Biogasanlage entfernt sind. Um die Schwierigkeiten bei der Umsetzung der kooperativen Betriebsform nicht weiter zu verstärken, hat das Revisionsgericht hier einen gegenüber dem Berufungsgericht, das lediglich von einem Umkreis von 10 km ausging, großzügigeren Rahmen angenommen.

---

[23] Urteil vom 16. Dezember 2004 - BVerwG 4 C 7.04 - BVerwGE 122, 308 (310) = Buchholz 406.11 § 35 BauGB Nr. 367; Urteil vom 4. März 1983 - BVerwG 4 C 69.79 - Buchholz 406.11 § 35 BBauG Nr. 198; Beschluss vom 9. Dezember 1993 - BVerwG 4 B 196.93 - Buchholz 406.11 § 35 BauGB Nr. 289.
[24] Urteil vom 24. August 1979 - BVerwG 4 C 3.77 - Buchholz 406.11 § 35 BBauG Nr. 158.
[25] Urteil vom 24. August 1979 a. a. O.

Angesichts der in der Landwirtschaft stark schwankenden Erzeugerpreise scheint es zweifelhaft, ob der Betrieb einer Biogasanlage auf der Grundlage bloßer vertraglicher Kooperationsvereinbarungen langfristig privilegiert sicher gestellt werden kann. Nimmt man den vom BVerwG entschiedenen Fall ins Auge, wonach die Kooperationsverträge keine Preisabsprachen enthielten, so setzt sich der Anlagenbetreiber dem Risiko aus, dass er bei stark steigenden Erzeugerpreisen von einem Jahr auf das andere die Anlage nicht mehr rentierlich betreiben kann. Für eine gedeihliche Kooperation mehrerer landwirtschaftlicher Betriebe scheint es daher unausweichlich, dass auch die Eigentümer der Zulieferbetriebe in einen kooperativen Betrieb der Anlage eingebunden werden; das Errichten einer oben schon angesprochenen Gemeinschaftsanlage würde das Interesse von Zulieferern an einem dauerhaften Betrieb der Anlage binden.

VI. Eine Anlage je Hofstelle

In dem vom BVerwG entschiedenen Fall hatte der Kläger gesicherten Zugriff auf eine weitere, langfristig angepachtete Hofstelle. Hier soll nicht der Frage nachgegangen werden, inwieweit bloße Pachtverträge bereits die geforderte Nachhaltigkeit und Dauerhaftigkeit einer Betriebsführung sicher stellen können.[26] Doch kann ein Landwirt, der über zwei selbstständig geführte Hofstellen verfügt, grundsätzlich zwei Biogasanlagen errichten und betreiben, da deren Privilegierung an der Hofstelle hängt. Wiederum wird sich aber bei kleineren Betrieben das Problem ergeben, wie die benötigte Biomasse zu mehr als 50 % auf eigenen Betriebsflächen oder auf Betriebsflächen der näheren Nachbarschaft erwirtschaftet werden kann.

VII. Gesicherte Erschließung

In der Rspr. des BVerwG sind die Voraussetzungen der ausreichenden Erschließung einer landwirtschaftlichen Hofstelle im Außenbereich geklärt.[27] So ist die Erschließung kleinerer landwirtschaftlicher Betriebe über landwirtschaftliche Wirtschaftswege, aber auch über Feld- und Waldwege ausreichend. Allerdings erhöhen sich die Anforderungen an eine ausreichende Erschließung, je stärker der zu bewältigende Ziel- und Quellverkehr anwächst. Letzteres hat das Berufungsgericht unbedacht gelassen. Biogasanlagen werden wegen ihres großen Biomassebedarfs mit großen landwirtschaftlichen Nutzfahrzeugen oder mit schweren Lastkraftwägen

---

[26] Vgl. die Rspr.-Nachw. bei Krautzberger, a. a. O. Rn. 23. Im Zusammenhang mit Biogasanlagen sehr weitgehend Mantler, a. a. O. S.60.
[27] Urteil vom 30. August 1985 - BVerwG 4 C 48.81 - Buchholz 406.11 § 35 BBauG Nr. 228; Urteil vom 22. November 1985 - BVerwG 4 C 71.82 - Buchholz 406.11 § 35 BBauG Nr. 229.

angefahren. Wenn – wie im entschiedenen Fall – Biogasanlagen mit Fahrzeugen von mehr als 30 t Gesamtgewicht mehrmals täglich angefahren werden und hierfür nur eine auf 5,5 t beschränkte Zufahrt zur Verfügung steht, so fehlt es für die Biogasanlage an einer ausreichenden Erschließung im Sinne des Gesetzes. Die zum Verfahren beigeladene Gemeinde musste jedenfalls nicht hinnehmen, dass die in ihrer Baulast stehende Zuwegung sehenden Auges zerstört wird.

VIII. Genehmigungsverfahren und behördliches Einschreiten

Das BVerwG hat es für unausweichlich erachtet, dass die Privilegierungsvoraussetzungen einer Biogasanlage in allen tatbestandlichen Verzweigungen geprüft werden, um sicherzustellen, dass auch nur ein tatsächlich privilegiertes Vorhaben errichtet und betrieben wird. Hiermit verbinden sich die Vorlage umfangreicher Unterlagen im Genehmigungsverfahren durch den Bauwerber und eine diesbezüglich präzise Prüfung durch die Genehmigungsbehörde. Der Annahme des Berufungsgerichts, die Tatbestandsvoraussetzungen der Privilegierung einer Biogasanlage wären nur prognostisch abzuschätzen, ist das BVerwG entgegen getreten. Im Hinblick auf die Vielzahl der einschränkenden Merkmale und wegen einer kaum leistbaren bauaufsichtlichen Kontrolle eines privilegierten Biogas-Betriebs kommt einer ausreichenden Prüfung im Genehmigungsverfahren die entscheidende Bedeutung zu. Denn der Wegfall von Privilegierungsvoraussetzungen, etwa der Wechsel im Betrieb der Biogasanlage durch deren Verkauf an einen gewerblichen Investor oder die Aufgabe von Kooperationsvereinbarungen mit nahe gelegenen Betrieben, beruht oft auf zivilrechtlichen Dispositionen, die der Behörde nicht zur Kenntnis gelangen. Einem nicht privilegierten Betreiberwechsel versuchen die Behörden dadurch vorzubeugen, dass nur personenbezogene Genehmigungen[28] erteilt werden, so dass es bei einem Betreiberwechsel zu einem automatischen Wegfall der Genehmigung kommt. Ob durch Auflagen ein Verfahren der Kontrolle festgeschrieben werden kann[29], so dass etwa jede Änderung der Kooperationsverträge der Behörde angezeigt werden muss, scheint zweifelhaft. Ein unmittelbares Rekurrieren auf § 15 Abs. 1 Satz 1 BImSchG scheidet jedenfalls aus, wenn Änderungen im Betrieb sich nicht auf Schutzgüter nach § 1 BImSchG auswirken, was oft der Fall sein wird. Auflagen zur Kontrolle eines dauerhaft rechtmäßigen Betriebs der Anlage auf § 12 Abs. 1 BImSchG oder auf § 36 Abs. 1 2. Alternative VwVfG zu stützen, scheint nicht unzweifelhaft,[30] da diese Vorschriften wohl keine Grundlagen für Vorbehalte hinsichtlich der bloßen Möglichkeit nachträglicher Tatsachenänderungen[31] bieten.

---

[28] Vgl. Loibl/Rechel, a. a. O. S. 135; Schomerus/Sanden/Dietrich, a. a. O. S. 180.
[29] Vgl. Berkemann/Halama, a. a. O. Rn. 52.
[30] Vgl. ausführlich Manten, a. a. O. S. 579 ff.
[31] Kopp/Ramsauer, VwVfG, 19. Aufl., § 36 Rn. 44.

Stellt die Behörde einen materiell-rechtswidrigen, da nicht privilegierten, Betrieb einer Biogasanlage fest, steht ihr im Falle einer baurechtlichen, aber auch einer immissionsschutzrechtlichen Genehmigung (wegen des Wegfalls der Konzentrationswirkung des § 13 BImSchG nach erteilter Genehmigung) die Möglichkeit eines Einschreitens auf der Grundlage des Bauordnungsrechts der Länder offen – hier in Form einer Nutzungsuntersagung –;[32] auch eine Stilllegungsanordnung nach § 20 Abs. 2 BImSchG wäre in Erwägung zu ziehen. Ob das der Behörde insbesondere im Falle einer Nutzungsuntersagung eingeräumte Ermessen wegen eines nicht privilegierten Betriebs der Anlage aber stets nur im Sinne einer Betriebseinstellung ausgeübt werden kann, sollte an folgenden drei Fällen noch diskutiert werden:

- der Betreiber der privilegiert errichteten Biogasanlage verkauft wegen zwingend notweniger Investitionen am Basisbetrieb oder aus sonstiger betrieblicher Notlage 51% der Biogasanlage an einen gewerblichen Investor, womit die Privilegierung hinfällig wird/ bei einem Einschreiten der Behörde droht aber die Insolvenz des Betreibers und ein dauerhafter Betriebsstillstand einer ansonsten problemlos weiter zu betreibenden Biogasanlage,

- der Betreiber der privilegiert errichteten Biogasanlage muss wegen Scheiterns eines Kooperationsvertrages Biomasse aus einem entfernt liegenden Kooperationsbetrieb beziehen mit der Folge, dass damit entgegen der gesetzlichen Vorgabe lediglich 45 % der Biomasse aus dem eigenen oder nahe gelegenen Betrieben stammt; muss die Behörde einschreiten, auch wenn im Nahbereich Biomasse zu wirtschaftlich vertretbaren Bedingungen nicht mehr zur Verfügung steht?

- der Betreiber der privilegiert errichteten Biogasanlage ersetzt den defekten Verbrennungsmotor des BHKW durch einen neuen, nach dem nunmehrigen Stand der Technik leistungsfähigeren Motor, so dass bei der unverändert bleibenden Gesamtfeuerwärmeleistung der Anlage von 1,5 MW die nun nicht mehr privilegierte elektrische Leistung von 0,75 MW erzielt wird. Soll die Behörde einschreiten mit dem Ziel einer Drosselung des Motors auf die elektrische Leistung von 0,5 MW oder wird die Anlage genehmigungskonform betrieben, weil im Zeitpunkt der Genehmigung die privilegierte elektrische Leistung nur mit einer Gesamtfeuerwärmeleistung von 1,5 MW erzielbar und diese somit auch Gegenstand der Genehmigung war; zumindest der Gesetzeswortlaut spricht aber gegen das letztere Verständnis. Möglicherweise ist eine ergänzende Gesetzesauslegung geboten.

Im Rahmen der Ermessensausübung wird die Behörde in diesen Fällen mit dem Zweck des Gesetzes übereinstimmende Entscheidungen zu treffen haben.

---

[32] Berkemann/Halama, a. a. O. Rn. 54; vgl. auch Manten, a. a. O. S. 579 ff.

IX. Fazit

Nur im Rahmen eines landwirtschaftlichen Betriebs, also in Anknüpfung an einen Basisbetrieb kann eine Biogasanlage im Außenbereich privilegiert errichtet werden. Damit ist rein gewerblich betriebenen Biogasanlagen der Zugang zum Außenbereich versperrt. Eine räumliche Nähe der Anlage zur Hofstelle gebietet auch der notwenige funktionale Zusammenhang mit dem Basisbetrieb. Durch bloße Kooperationsvereinbarungen mit nahe gelegenen Betrieben ist die Nachhaltigkeit und Dauerhaftigkeit der Betriebsführung nur erschwert sicherzustellen; ein kooperatives Errichten und Betreiben der Biogasanlage ist anzustreben. Für Biogasanlagen im Außenbereich stellt § 35 Abs. 1 Nr. 6 BauGB einen abschließenden Privilegierungstatbestand dar, für die Errichtung größerer Anlagen bedarf es eines vorhabenbezogenen Bebauungsplans.

III Ziele der Raumordnung und privilegierte Außenbereichsvorhaben – Abwägungskontrolle und Abwägungsfehler –

Ondolf Rojahn

Die Raumordnung nimmt in wachsendem Umfang durch gebietsförmige Darstellungen Einfluss auf die Nutzungsstruktur im gemeindlichen Außenbereich. Die verwaltungsgerichtliche Rechtsprechung und das wissenschaftliche Schrifttum zu den hierbei auftretenden Rechtsfragen sind bisher überwiegend durch die Gebietsfestlegungen zur Errichtung von Windenergieanlagen in Gebietsentwicklungs- und Regionalplänen geprägt. Zunehmend Bedeutung erlangen Rechtsstreitigkeiten um Raumordnungspläne, die den Abbau von Rohstoffen (Sand, Kies, Steine, Gips) im Außenbereich zu steuern suchen. Die folgenden Ausführungen sollen einen gerafften Überblick über den aktuellen Stand der Rechtsprechung zur Steuerungskraft raumordnerischer Ziele geben, die der Standortplanung privilegierter Außenbereichsvorhaben dienen. Den Schwerpunkt bilden die wichtigsten Entscheidungen zur Steuerung der Windenergienutzung im Außenbereich aus den Jahren 2003 - 2009.

A. Rechtsgrundlagen

I. Außenbereichsrelevante Grundsätze der Raumordnung

Das Raumordnungsgesetz (ROG) vom 22. Dezember 2008 (BGBl. I S. 2986) enthält in § 2 Abs. 2 Nr. 2, 4, 5, 6 eine Reihe außenbereichsrelevanter Grundsätze, die (soweit erforderlich) in Raumordnungsplänen zu konkretisieren sind:

Abs. 2 Nr. 2: Der Freiraum ist durch übergreifende Freiraum-, Siedlungs- und weitere Fachplanungen zu schützen; es ist ein großräumig übergreifendes, ökologisch wirksames Freiraumverbundsystem zu schaffen. Die weitere Zerschneidung der freien Landschaft und von Waldflächen ist dabei so weit wie möglich zu vermeiden; die Flächeninanspruchnahme im Freiraum ist zu begrenzen.

Abs. 2 Nr. 4: Es sind die räumlichen Voraussetzungen für die vorsorgende Sicherung sowie für die geordnete Aufsuchung und Gewinnung von standortgebundenen Rohstoffen zu schaffen. Den räumlichen Erfordernissen für eine kostengünstige, sichere und umweltverträgliche Energieversorgung einschließlich des Ausbaus von Energienetzen ist Rechnung zu tragen.

Abs. 2 Nr. 5: Kulturlandschaften sind zu erhalten und zu entwickeln. Historisch geprägte und gewachsene Kulturlandschaften sind in ihren prägenden Merkmalen und mit ihren Kultur- und Naturdenkmälern zu erhalten.

Abs. 2 Nr. 6: Den räumlichen Erfordernissen des Klimaschutzes ist Rechnung zu tragen, sowohl durch Maßnahmen, die dem Klimawandel entgegen wirken, als auch durch solche, die der Anpassung an den Klimawandel dienen. Dabei sind die räumlichen Voraussetzungen für den Ausbau der erneuerbaren Energien ... zu schaffen.

II. Außenbereichswirksame Gebietsfestlegungen der Raumordnung

Die dem Träger der Raumordnung zur Verfügung stehenden Planungsinstrumente lassen sich nach Gebietskategorien, Art der Bindungswirkung und nach dem Kreis der Adressaten unterscheiden:

1. Gebietskategorien: Sie umfassen Vorrang-, Vorbehalts- und Eignungsgebiete - § 8 Abs. 7 ROG.

2. Bindungswirkungen: Sie beurteilen sich für Ziele, Grundsätze und in Aufstellung befindliche Ziele der Raumordnung nach § 3 Abs. 1 Nr. 2, 3, 4 ROG.

3. Adressaten der Raumordnungspläne sind herkömmlicher Weise die Träger der Bauleitplanung, Fachplanungsträger und Personen des Privatrechts mit raumbedeutsamen Planungsaufgaben (§ 4 ROG).

Weitergehende Bindungswirkungen auf Grund von **Fachgesetzen** bleiben nach § 4 Abs. 1 Satz 3 ROG 2009 unberührt. Diese gesetzesübergreifende Verweisung ermöglicht es dem Fachgesetzgeber auch, die Bindungswirkung raumordnerischer Zielvorgaben auf Adressaten wie z. B. Baugenehmigungs- und Immissionsschutzbehörden, die auf der Ebene der Vorhabenszulassung im Einzelfall tätig werden, zu erstrecken.

III. Außenbereichsrelevante „Raumordnungsklauseln" des BauGB

Das BauGB enthält die folgenden, unser Thema berührenden außenbereichsrelevanten „Raumordnungsklauseln":

§ 1 Abs. 4 BauGB: Die Bauleitpläne sind den **Zielen der Raumordnung** anzupassen.

§ 35 Abs. 3 Satz 2 BauGB: Raumbedeutsame Vorhaben dürfen den **Zielen der Raumordnung** nicht widersprechen; öffentliche Belange stehen raumbedeutsamen Vorhaben nach Abs. 1 nicht entgegen, soweit die Belange bei der Darstellung dieser Vorhaben als **Ziele der Raumordnung** abgewogen worden sind.

§ 35 Abs. 3 Satz 3 BauGB: Öffentliche Belange stehen einem Vorhaben nach Absatz 1 Nr. 2 bis 6 in der Regel auch dann entgegen, soweit hierfür durch Darstellungen im Flächennutzungsplan oder als **Ziele der Raumordnung** eine Ausweisung an anderer Stelle erfolgt ist.

B. Steuerung privilegierter Außenbereichsvorhaben durch Festlegung von Konzentrations- und Ausschlussflächen - § 35 Abs. 3 Satz 3 BauGB

I. Die Doppelnatur von Zielen der Raumordnung

§ 35 Abs. 3 Satz 3 BauGB stellt die Errichtung von privilegierten Außenbereichsvorhaben unter einen Planungsvorbehalt, der sich an die Träger der Raumordnungsplanung, insbes. der Regionalplanung, (und an die Gemeinden als Träger der Flächennutzungsplanung) richtet. Gegenstand der Planung müssen zielförmige Festlegungen des Plangebers über die Konzentration (z. B. Windenergieanlagen) oder die Flächenzuordnung (z. B. Vorhaben der Rohstoffgewinnung) solcher Vorhaben sein, die der Gesetzgeber im Außenbereich nach Maßgabe des § 35 Abs. 1 Nr. 2 bis 7 BauGB für privilegiert zulässig erklärt hat. § 35 Abs. 3 Satz 3 BauGB setzt eine Planung voraus, die zu Gunsten der privilegierten Vorhaben sog. „Positivflächen" („Konzentrationszonen") festlegt und deren Festlegung mit dem Ausschluss entsprechender Vorhaben (Anlagen, Betriebe) auf den übrigen Flächen des Plangebiets, den sog. „Negativ- oder Ausschlussflächen", verbindet. Der Träger der Raumordnung muss beides wollen: die Festlegung von Positiv- und Negativflächen. Beschränkt er sich auf die Festlegung von Positivflächen, kommt § 35 Abs. 3 Satz 3 BauGB nicht zur Anwendung.

Die Ziele der Raumordnung, die Positiv- und Negativflächen festlegen, besitzen im Rahmen von § 35 Abs. 3 Satz 3 BauGB eine **Doppelnatur:**

Sie binden zunächst die **planende Gemeinde** bei der Konkretisierung der zielförmig ausgewiesenen Positivflächen durch Flächennutzungs- und Bebauungspläne (Binnenkoordination, Feinsteuerung der Anlagenstandorte). Für die Negativflächen gilt hinsichtlich der an anderer Stelle im Plangebiet konzentrierten Vorhaben eine Planungssperre: Auf den Negativflächen darf die Gemeinde grundsätzlich keine weiteren Positivflächen ausweisen. Hat sie andere Planungsvorstellungen, muss sie ein Zielabweichungsverfahren anstrengen (§ 6 Abs. 2 ROG 2009). Diese Bindung folgt aus dem **Anpassungsgebot** des § 1 Abs. 4 BauGB.

§ 35 Abs. 3 Satz 3 BauGB fügt dieser Bindungswirkung eine **weitere Bindungswirkung** hinzu. Die Vorschrift errichtet für die Vorhaben, die der Plangeber zielförmig den festgelegten Positivflächen zugeordnet hat und im restlichen Plangebiet hat ausschließen wollen, ein **Genehmigungshindernis**. Werden privilegierte Außenbereichsvorhaben durch Ziele der Raumordnung auf die Positivflächen verwiesen, sind sie nach § 35 Abs. 3 Satz 3 BauGB auf den übrigen Flächen des Plangebiets **in der Regel unzulässig**. Die Kombination von Positiv- und Negativflächen auf der Ebene der Raumordnung greift ohne weitere bauleitplanerische Zwischenschritte unmittelbar in das behördliche Zulassungsverfahren hinein. Kraft **fachgesetzlicher Anordnung** entscheiden die Ziele der Raumordnung über die baurechtliche Zulässigkeit privilegierter Außenbereichsvorhaben im Einzelfall. Die Durchgriffswirkung überschreitet den herkömmlichen Wirkungsbereich der Raumordnungspläne und wirft zahlreiche neuartige Rechtsfragen auf. Ein Grund hierfür ist die Grobkörnigkeit der raumordnerischen Maßstäbe (1:100.000, 1:50.000). Gleichwohl sollen die Pläne kraft gesetzgeberischer Entscheidung auf den Negativflächen hinsichtlich der ausgeschlossenen Nutzung eine eigentumsbestimmende Wirkung entfalten, die den Ausweisungen eines Bebauungsplans zumindest nahe kommt.

II. Der funktionale Zusammenhang zwischen Positiv- und Negativflächen

Die in § 35 Abs. 3 Satz 3 BauGB angeordnete Ausschlusswirkung (auf den Negativflächen) greift nur ein, wenn der Plangeber durch zielförmige Gebietsausweisungen sicherstellt, dass sich die betroffenen Anlagen an anderer Stelle im Plangebiet gegenüber konkurrierenden Nutzungen durchsetzen können. Dem Plan muss daher ein **schlüssiges gesamträumliches Planungskonzept** zugrunde liegen, das der **Privilegierung der Außenbereichsvorhaben** durch den Gesetzgeber (§ 35 Abs. 1 Nr. 2 bis 6 BauGB) Rechnung trägt. Der Plangeber muss für die privilegierte Nutzung nach ständiger Rechtsprechung des BVerwG in **„substanzieller Weise"** Raum schaffen. Daraus folgt z. B.:

Raumordnerische Positivausweisungen müssen **rechtlich abgesichert** sein. Sie müssen dem **Anpassungsgebot** des § 1 Abs. 4 BauGB unterliegen und der kommunalen Flächennutzungsplanung rechtliche Grenzen setzen. Ferner muss gewährleistet sein, dass die Errichtung der in den Positivflächen konzentrierten Anlagen nicht in erheblichem Umfang nach § 35 Abs. 3 Satz 1 BauGB an entgegenstehenden öffentlichen Belangen scheitert.

Positiv- und Negativflächen müssen vor dem Hintergrund der tatsächlichen Verhältnisse im Plangebiet „ausgewogen" sein. Stufenweise **Teilfortschreibungen** eines Regionalplans, die jeweils (weitere) Positivflächen für Windenergieanlagen festlegen, können erst dann die in § 35 Abs. 3 Satz 3 BauGB angeordnete (regelhafte) Ausschlusswirkung auf den Negativflächen entfalten, wenn sie sich zu einer schlüssigen gesamträumlichen Planungskonzeption zusammenfügen.[1]

Stehen die Positiv- und Negativflächen nicht in einem gesamträumlich ausgewogenen Verhältnis zueinander, kann die in § 35 Abs. 3 Satz 3 BauGB angeordnete **Ausschlusswirkung** auf den Flächen, welche der Plangeber von Windenergieanlagen freihalten will, nicht einsetzen.[2] Die Bindungswirkung der zielförmig festgelegten Positivflächen in der Bauleitplanung (§ 1 Abs. 4 BauGB) kann bestehen bleiben.

Weist der Raumordnungsplan Vorranggebiete aus, die der Nutzung der Windenergie bereits substanziell Raum schaffen, stehen Flächen, auf denen die gemeindliche **Flächennutzungsplanung** weitere Standorte für Windenergieanlagen ausweisen darf (sog. „weiße Flächen"), der Ausschlusswirkung des § 35 Abs. 3 Satz 3 BauGB nicht entgegen. Die Ausschlusswirkung erstreckt sich allerdings nur auf die Gebiete, die der Raumordnungsplan als Ausschlusszone festschreibt. Die „weißen" Flächen erfasst sie nicht, weil in Bezug auf diese Flächen eine abschließende raumordnerische Entscheidung fehlt.[3]

III. Raumordnungsrechtliche Gebietskategorien mit Zielcharakter i. S. v. § 35 Abs. 3 Satz 3 BauGB

Vorranggebiete sind Gebiete, die für bestimmte raumbedeutsame Nutzungen vorgesehen sind und andere raumbedeutsame Nutzungen in diesem Gebiet ausschließen, soweit diese mit den vorrangigen Nutzungen nicht vereinbar sind. Werden Vorranggebiete mit der Maßgabe festgelegt, dass die vorrangige Nutzung an anderer Stelle im Planungsraum ausgeschlossen ist (§ 8 Abs. 7 Satz 1 Nr. 1 u. Satz 2 ROG), erfüllen sie die Voraussetzungen eines Zieles der Raumordnung i. S. v. § 3 Abs. 1 Nr. 2 ROG. Sie besitzen zugleich den in § 35 Abs. 3 Satz 3 BauGB vorausgesetzten Zielcharakter.[4] Sie sind für die Bauleitplanung verbindlich (§ 1 Abs. 4 BauGB) und stellen über § 35 Abs. 3 Satz 2 Halbsatz 2 BauGB sicher, dass sich die Anlagen in den Positivflächen gegenüber konkurrierenden Nutzungen in der Regel durchsetzen können.

Vorbehaltsgebiete bezeichnen Gebiete, in denen bestimmten raumbedeutsamen Nutzungen bei der Abwägung mit konkurrierenden raumbedeutsamen Nutzungen besonderes Gewicht beizumessen ist (§ 8 Abs. 7 Satz 1 Nr. 2 ROG). Sie enthalten Abwägungsvorgaben, die auf den Gestaltungsspielraum der Bauleitplanung einwir-

---

[1] BVerwGE, Urteil vom 13.3.2003 – BVerwG 4 C 4.02 – BVerwGE 118, 33 (39 f.).
[2] BVerwGE, Urteil vom 21.10.2004 – BVerwG 4 C 2.04 – BVerwGE 122, 109 (113).
[3] BVerwG, Beschluss vom 28.11.2005 – BVerwG 4 B 66.05 – ZfBR 2006, 159.
[4] BVerwG. Urteil vom 13.3.2003 – BVerwG 4 C 4.02 – BVerwGE 118, 33 (47 f.).

ken. Ob sich das besondere Gewicht der vorbehaltenen Nutzung gebietsintern gegenüber konkurrierenden Nutzungen in der Abwägung durchsetzt, hängt von der Planungsvorstellung der Gemeinde und von der konkreten Planungssituation ab. Wegen dieser Abwägungsoffenheit fehlt den Vorbehaltsgebieten die Verbindlichkeit eines Zieles der Raumordnung. Das ROG ordnet Vorbehaltsgebiete nicht den Zielen, sondern den Grundsätzen der Raumordnung zu (§ 3 Abs. 3 Nr. 3 ROG). § 1 Abs. 4 BauGB gilt nicht für sie. Das ROG sieht auch nicht vor, dass die Festlegung von Vorbehaltsgebieten mit dem Ausschluss der Nutzung im Übrigen Plangebiet verbunden werden darf. In Vorbehaltsgebieten ist somit nicht hinreichend sichergestellt, dass sich die vorbehaltene Nutzung gegenüber konkurrierenden Nutzungen durchsetzt. Vorbehaltsgebiete sind daher keine Positivflächen i. S. v. § 35 Abs. 3 Satz 3 BauGB.[5]

Eignungsgebiete sind Gebiete, in denen bestimmten raumbedeutsamen Nutzungen, die städtebaulich nach § 35 BauGB zu beurteilen sind, andere raumbedeutsame Belange nicht entgegenstehen, wobei diese Nutzungen an anderer Stelle im Planungsraum ausgeschlossen sind (§ 8 Abs. 7 Satz 1 Nr. 3 ROG). Unter welchen Voraussetzungen Eignungsgebiete als Ziele der Raumordnung einzustufen sind, hat das BVerwG bisher nicht entschieden. Auf der Grundlage der bisherigen Rechtsprechung des 4. Senats des BVerwG ist wohl von den folgenden Grundsätzen auszugehen: Eignungsgebiete besitzen nur dann Zielqualität i. S. v. § 35 Abs. 3 Satz 3 BauGB, wenn sie neben der **gebietsexternen Ausschlusswirkung**, die ihnen das ROG beimisst, sicherstellen, dass sich die Nutzung, für die das Eignungsgebiet festgelegt wird, **gebietsintern** in der Regel gegenüber konkurrierenden Nutzungen durchsetzen kann. Auch für Eignungsgebiete gilt der vom BVerwG zeitlich nach der Aufnahme dieser raumordnungsrechtlichen Gebietskategorie in das ROG entwickelte Grundsatz, dass in den Positivflächen (Eignungsgebiete) für die im restlichen Plangebiet ausgeschlossene Nutzung „in substanzieller Weise" Raum bleiben muss.[6] Eignungsgebiete dienen der flächenhaften Kontingentierung bestimmter Nutzungen, die dem Grunde nach im gesamten Außenbereich einer Gemeinde privilegiert zulässig sind. Daraus folgt:

Eignungsgebiete müssen auch gebietsintern dem Anpassungsgebot des § 1 Abs. 4 BauGB unterliegen. Das ist nicht der Fall, wenn sie gebietsintern (nur) die Wirkung eines Vorbehaltsgebiets haben. Dürfte die Gemeinde in der nachfolgenden Bauleitplanung erhebliche Teile eines Eignungsgebiets für die Windenergienutzung dieser Nutzung entziehen, weil sie abwägungsfehlerfrei entgegenstehenden öffentlichen Belangen den Vorrang einräumt, wäre die in § 35 Abs. 3 Satz 3 BauGB vorausgesetzte, raumordnerisch ausgewogene Bilanz von Positiv- und Negativflächen nicht gesichert.

---

[5] BVerwG, ebd., S. 39 f.; OVG Weimar, Urteil vom 18.3.2008 – OVG 1 KO 304/06 – ZfBR 2009, 50.
[6] OVG Greifswald, Urteil vom 9. April 2008 – OVG 3 L 84/05 – NordÖR 2009, 27; OVG Magdeburg, Urteil vom 11.12.2008 – OVG 2 K 235/06 – ZfBR 2009, 271 (272).

Die raumordnerische Festlegung von Eignungsgebieten rechtfertigt den Ausschluss der entsprechenden Nutzung an anderer Stelle im Plangebiet nur, wenn sich die Nutzung im Eignungsgebiet auf der Zulassungsebene gegenüber konkurrierenden Vorhaben oder Nutzungen jedenfalls **ohne weitere planerische Konkretisierung durch die Bauleitplanung** im Regelfall durchsetzen kann. Der gebietsinterne Zielcharakter von Eignungsgebieten kann bejaht werden, wenn (1) der für geeignet erklärten Nutzung nach der Abwägungsentscheidung des Plangebers keine raumbedeutsamen Belange entgegenstehen und (2) aus der Sicht der Raumordnung ausgeschlossen werden kann, dass der Realisierung der für geeignet erklärten Nutzung auf den Positivflächen in erheblichem Umfang sonstige öffentliche Belange i. S. des § 35 Abs. 3 Satz 1 BauGB, die auf der Ebene der Raumordnung bereits erkennbar sind, entgegen stehen. Das Baugesetzbuch geht davon aus, dass der Raumordnung eine derartige, die örtlichen Gegebenheiten stärker in den Blick nehmende Ermittlungstiefe und Abwägungsdichte nicht fremd sind. § 35 Abs. 3 Satz 2 Halbsatz 2 BauGB bestimmt nämlich, dass öffentliche Belange i. S. v. § 35 Abs. 3 Satz 1 BauGB raumbedeutsamen Vorhaben nicht entgegen stehen, „soweit die Belange bei der Darstellung dieser Vorhaben als Ziele der Raumordnung abgewogen worden sind".

IV. Die Bestimmung von Positivflächen durch Reduktion der Potentialflächen

Die Festlegung von Vorrang- und Eignungsgebieten mit Ausschlusswirkung erfolgt methodisch in mehreren Schritten. Der „Suchlauf" muss den Anforderungen des **raumordnungsrechtlichen Abwägungsgebots** genügen.

Die einzelnen Abwägungsschritte entsprechen dem **Abwägungsmodell der Bauleit- und der Fachplanung**. Sachlicher Umfang und Detailtiefe der Abwägung hängen vom Inhalt der beabsichtigten raumordnerischen Zielaussagen ab. Ausschlussflächen erfordern einen **erhöhten Ermittlungs- und Begründungsaufwand**. Die Festlegung der Negativflächen muss räumlich und inhaltlich so bestimmt sein, dass sie der **Rechtsanwendung im Einzelfall** dienen können. § 35 Abs. 3 Satz 3 BauGB liegt die Erwartung zugrunde, dass Raumordnungspläne diese Anforderungen erfüllen können, ohne den Aufgaben- und Zuständigkeitsbereich der Raumordnung zu verlassen. Die Gebietsfestlegungen müssen nicht parzellenscharf sein.

Die Maßstäbe der Raumordnung ließen das auch nicht.

Positiv- und Negativflächen müssen als Ziele der Raumordnung aus **Raumordnungsgründen** erforderlich sein. Sie sind nicht erforderlich (vgl. § 1 Abs. 3 Satz 1 BauGB), wenn ihrer Verwirklichung auf unabsehbare Zeit rechtliche oder tatsächliche Hindernisse entgegenstehen.

1. Eigentumsbelange in den potentiellen Negativflächen

Bei Aufstellung der Raumordnungspläne sind die öffentlichen und **privaten Belange**, soweit sie auf der jeweiligen Planungsebene (landesweiter Plan, Regionalplan) erkennbar und von Bedeutung sind, gegeneinander und untereinander abzuwägen (§ 7 Abs. 2 Satz 1 ROG). Eine **Umweltprüfung** ist durchzuführen (§ 9 ROG). Die **Öffentlichkeit** ist an der Planaufstellung zu beteiligen (§ 10 ROG).

Ziele der Raumordnung besitzen zwar grundsätzlich keine rechtliche Außenwirkung gegenüber dem privaten Einzelnen. Die in § 35 Abs. 3 Satz 3 BauGB angeordnete Ausschlusswirkung verleiht den Zielen der Raumordnung jedoch über ihren herkömmlichen Wirkungsbereich hinaus die Bindungskraft von Vorschriften, die **Inhalt und Schranken des Eigentums** i. S. v. Art. 14 Abs. 1 Satz 2 GG näher bestimmen. Der partielle Ausschluss privilegierter Außenbereichsvorhaben in den Negativflächen stellt einen „großräumigen Eigentumseingriff" dar. Kann die Raumordnung als „zusammenfassende, überörtliche und fachübergreifende" Planung (§ 1 Abs. 1 Satz 1 ROG) mit ihren Instrumenten den **individuellen Nutzungsinteressen** in den potentiellen Ausschlussflächen gerecht werden? Das ist angesichts der zeichnerischen Maßstäbe der Raumordnungspläne (1:100.000; 1:50.000) problematisch.

Das BVerwG hat Hilfestellung geleistet: Der Träger der Regionalplanung ist berechtigt, das Privatinteresse an der Nutzung der **Windenergie** auf windhöffigen Flächen im Plangebiet zu unterstellen und als typisierte Größe in die Abwägung einzustellen.[7] Die **Typisierung** muss sach- und realitätsgerecht sein. Gegebenenfalls ist zwischen Flächen mit geringer, mittlerer und großer Eignung für die Nutzung der Windenergie zu differenzieren. Das Nutzungsinteresse jedes einzelnen Grundeigentümers muss nicht ermittelt werden, es kann unterstellt werden. Das Urteil vom 13. März 2003 (a. a. O.) darf nicht verallgemeinert werden. Es betrifft die Nutzung der Windenergie und baut auf die tatsächlichen Feststellungen des OVG Koblenz auf, die für das BVerwG im Revisionsverfahren bindend sind (§ 137 Abs. 2 VwGO).

Für die standortgebundene **Rohstoffgewinnung** gelten andere Grundsätze. Die einzelnen Vorkommen im Plangebiet können nach Quantität (Mächtigkeit) und Qualität (z. B. Körnigkeit) sehr unterschiedlich sein und sich einer typisierenden Gewichtung der privaten Abbauinteressen weitgehend entziehen. Wesentliche Unterschiede der Lagerstätten darf der Plangeber nicht durch einen arithmetischen Mittelwert bei der Beurteilung und Gewichtung der Abbaueignung einebnen. Er darf sich insbesondere die Ermittlung raumbedeutsamer Vorkommen nicht durch **unverhältnismäßige Typisierungen** und Unterstellungen vereinfachen.

Die Ausschlusswirkung in den Negativflächen ist nicht strikt und unabdingbar, sie besteht nach § 35 Abs. 3 Satz 3 BauGB nur „in der Regel". Das BVerwG hat darin

---

[7] BVerwG, Urteil vom 13.3.2003 – BVerwG 4 C 4.02 – BVerwGE 118, 33 (44).

einen gesetzlichen „Ausnahmevorbehalt" gesehen, der die Möglichkeit zur Abweichung in atypischen Einzelfällen eröffnet.[8] Eigentlich handelt es sich um den **Vorbehalt der Befreiung** von einer allzu rigiden Ausschlusswirkung. Er soll der Genehmigungsbehörde die Berücksichtigung atypischer Umstände des Einzelfalls ermöglichen, weil „die negative Seite der Ausweisung wegen ihres typischerweise globaleren Charakters im Allgemeinen geringere Durchsetzungskraft besitzt als die positive Standortdarstellung" (BVerwG a. a. O. S. 302). Es handelt sich hier um ein grundrechtlich gebotenes **Korrektiv**, das unverhältnismäßigen (unzumutbaren) Beschränkungen des Grundeigentümers (Pächters) in Sonderfällen vorbeugt, ohne dass die Grundzüge der Planung berührt werden.

Ein Grundeigentümer, dessen Bauantrag für ein privilegiertes Außenbereichsvorhaben in einer Negativfläche nach § 35 Abs. 3 Satz 3 BauGB abgelehnt wird, kann den Raumordnungsplan, der diese Negativfläche **zielförmig** festlegt, mit einem **Normenkontrollantrag** nach § 47 VwGO angreifen.[9] Das folgt aus der eigentumsbeschränkenden Ausschlusswirkung, die § 35 Abs. 3 Satz 3 BauGB für den Regelfall anordnet. Die Festlegung von Vorbehaltsgebieten kann nicht im Wege der Normenkontrolle nach § 47 VwGO angegriffen werden.[10]

2. Die Bestimmung von Tabuzonen

Der Träger der Regionalplanung kann sog. Tabuzonen festlegen, auf denen die Errichtung privilegierter Außenbereichsvorhaben von vornherein ausgeschlossen ist („Vorwegausscheidungsflächen"). Unterstellte Nutzungsinteressen der Eigentümer werden flächendeckend zurückgestellt. Je größer die Ausschlussflächen sind, desto höher sind jedoch die Anforderungen an ihre **raumordnerische Rechtfertigung**.[11]

Ausschlusskriterien können sein:

Europäische FFH- und Vogelschutzgebiete, Natur-, Landschafts- und Wasserschutzgebiete, raumordnungsrechtliche Vorranggebiete für Natur, Landschaft und Erholung, regional bedeutsame Rast-, Brut- und Nahrungsgebiete geschützter Vogelarten, offene Wasserflächen, Waldgebiete, Heidelandschaften, landschaftsprägende Höhenrücken und Kuppen, Auenbereiche und Überschwemmungsgebiete, Trinkwasserschutzzonen, Siedlungsgebiete, Kur- und Klinikbereiche, Gewerbege-

---

[8] BVerwG, Urteil vom 17.12.2002 – BVerwG 4 C 15.01 – BVerwGE 117, 287 (302).
[9] OVG Lüneburg, Urteil vom 9.10.2008 – OVG 12 KN 35/07 – ZfBR 2009, 150; OVG Bautzen, Urteil vom 7.4.2005 – OVG 1 D 2/03 – SächsVBl. 2005, 225.
[10] OVG Magdeburg, Urteil vom 11.12.2008 – OVG 2 K 235/06 – ZfBR 2009, 271; bestätigt durch BVerwG, Beschluss vom 15.6.2009 – BVerwG 4 BN 10.09.
[11] VGH Kassel, Urteil vom 25.3.2009 – VGH 3 C 594/08 N – DVBl. 2009, 717 (720).

biete, Flächen für Rohstoffabbau, regional bedeutsame Bereiche des Denkmalschutzes, Freihaltung von schutzwürdigen Sichtachsen.[12]

Ein anschauliches Beispiel bietet ein Urteil des VGH Mannheim vom 9. Juni 2005.[13] Es betrifft den regionalplanerischen Ausschluss von Windenergieanlagen auf dem gesamten Westrand des Schwarzwaldes und dem Kraichgauer Hügelland unter den Gesichtspunkten „regionalprägender und identitätsstiftender Landschaftsformen mit hoher visueller Verletzbarkeit und hoher Fernwirkung" sowie „große unzerschnittene Räume mit hoher Eignung für die landschaftsgebundene stille Erholung".

Großräumige schutzwürdige Naturräume können durch die Regionalplanung häufig wirksamer geschützt werden als durch die isolierte und nicht immer koordinierte Flächennutzungsplanung einzelner Gemeinden.

3. Die Festlegung von Pufferzonen und Sicherheitsabständen

Lage, Umfang und Anzahl geeigneter Positivflächen können schrittweise „herausgefiltert" werden, indem aus Gründen des Immissionsschutzes oder aus Sicherheitsgründen **Pufferzonen** und **Abstandsflächen** festgelegt werden, damit Tabuzonen, Streusiedlungen, landwirtschaftliche Betriebe oder technische Anlagen (Flugplätze, militärische Einrichtungen, Infrastrukturanlagen) keinen Beeinträchtigungen oder Gefahren ausgesetzt werden.

Für **Windenergieanlagen** gilt: Die Abstandsmaße können je nach Schutzwürdigkeit der Tabuzonen oder Einrichtungen im Planungsraum **typisierend** festgesetzt werden. Schädliche Umwelteinwirkungen können **generalisierend** berücksichtigt werden. Immissionsschutzrechtliche Vorsorge ist zulässig und geboten. Die Abstandsflächen können so groß sein, dass der Plangeber immissionsschutzrechtlich auf der „sicheren Seite" ist. Örtliche Besonderheiten können (und müssen) außer Betracht bleiben. Die Schutzbedürftigkeit einzelner Naturräume und Außenbereichsnutzungen muss nicht abschließend geklärt werden. Die typisierende Betrachtungsweise ist z. B. bei der Konzentrationsplanung von Windenergieanlagen gerechtfertigt, weil der Träger der Raumordnung während seines „Suchlaufs" weder die Anzahl und den konkreten Standort der künftigen Anlagen noch ihr Emissionsverhalten (Höhe, Nennleistung, Typ) kennt.[14]

Planungspraxis und Rechtsprechung sind unterschiedlich: Das OVG Bautzen[15] hat Abstände zu Kur- und Klinikbereichen von 1.200 m, zu Wohnbebauung von 750 m und zu Gewerbegebieten von 500 m gebilligt. Das OVG Lüneburg[16] hat Ab-

---

[12] OVG Bautzen, Urteil vom 7.4.2005 – OVG 1 D 2/03 – SächsVBl. 2005, 225.
[13] VGH 3 S 1545/04 – ZfBR 2005, 691 (695 f.).
[14] OVG Lüneburg, Urteil vom 9.10.2008 – OVG 12 KN 35/07 – ZfBR 2009, 150 (153).
[15] Urteil vom 7.4.2005 – OVG 1 D 2/03 – SächsVBl. 2005, 225 (228).
[16] Urteil vom 9.10.2008 – OVG 12 KN 35/07 – ZfBR 2009, 150 (153).

stände zu Wohngebieten von 1000 m sowie zu FFH- und Vogelschutzgebieten von 500 m als sachgerecht angesehen.

In einem ersten Schritt können **relativ große Pufferzonen** um bestimmte Nutzungen herum gelegt werden. Erkennt der Planungsträger, dass mit der gewählten Methode der Windenergie nicht ausreichend Raum verbleibt, hat er sein Auswahlkonzept nochmals zu überprüfen und ggf. abzuändern. Je kleiner die Flächen für die Windenergienutzung ausfallen, umso mehr ist das gewählte methodische Vorgehen zu hinterfragen und prüfen, ob mit Blick auf die örtlichen Verhältnisse auch **kleinere Pufferzonen** genügen. Will der Plangeber an den bisher vorgesehenen Abstandsmaßen festhalten, muss er auf eine planerische Steuerung mit der Ausschlusswirkung des § 35 Abs. 3 Satz 3 BauGB verzichten.[17]

Abstandsregelungen in ministeriellen Windenergie-Erlassen können der Raumordnung (und der Bauleitplanung) keine verbindlichen Vorgaben machen; sie sprechen Empfehlungen aus.[18]

Die Rechtsprechung hat die folgenden Abwägungsfehler festgestellt:

- Eine Gemeinde, die von 29 Potenzialflächen für Windenergieanlagen 28 durch ein Abstandsraster ausschließt und dabei generelle Abstände zu Siedlungen von 1:100 m, zum Wald von 200 m, zu Bundes-, Landes- und Kreisstraßen von 150 m anlegt, ohne erneut ihre Abstandskriterien zu hinterfragen, gibt der Windenergie keinen substanziellen Raum (zur Flächennutzungsplanung).[19]
- Das schematische Festhalten an großen Schutzabständen zum Schutz des Orts- und Landschaftsbildes ist fehlerhaft, wenn die Vorbelastung durch bereits errichtete Windenergieanlagen nicht berücksichtigt wird.[20]
- Geht die Gemeinde bei der Suche nach geeigneten Standorten für Windparks davon aus, dass Windenergieanlagen von Einzelhöfen und Weilern einen Abstand von 500 m einhalten müssen, verengt sie die Ermittlungen in unzulässiger Weise (zur Flächennutzungsplanung).[21]
- Die generelle Anerkennung aller Gemeinden im Plangebiet als „Fremdenverkehrsgemeinde" und die schematische Zuerkennung eines Abstandsbonus ohne Einzelfallprüfung sind fehlerhaft.[22]

---

[17] BVerwG, Urteil vom 24.1.2008 – BVerwG 4 CN 2.07 – ZNER 2008, 88.
[18] OVG Lüneburg, Urteil vom 13.6.2007 – OVG 12 LC 36/07 – ZfBR 2007, 689 (691).
[19] VGH Kassel, Urteil vom 25.3.2009 – VGH 3 C 594/08.N – DVBl. 2009, 717.
[20] VGH Kassel ebd.
[21] OVG Lüneburg, Urteil vom 21.7.1999 – OVG 1 L 5203/96 – NVwZ 1999, 1358.
[22] BVerwG, Urteil vom 24.1.2008 – BVerwG 4 CN 2.09 – ZNER 2008, 88.

- Die generelle Zuerkennung einer 1:000 m-Abstandsfläche für die weitere Siedlungsentwicklung der Gemeinden im Plangebiet ohne Ermittlung der gemeindlichen Entwicklungspläne und -aussichten ist fehlerhaft (keine „zwangsweise" Zuweisung von Wohnbauerweiterungsflächen).[23]

- Das schematische Festhalten an 1:000 m-Abstandsflächen zu einer Siedlungsfläche ist fehlerhaft, wenn in geringerer Entfernung bereits eine Sonderbaufläche für die Windenergienutzung besteht und auf ihr Windenergieanlagen konzentriert und genehmigt worden sind.[24]

4. Anzahl und Größe von Konzentrationszonen (Positivflächen)

Die Regionalplanung hat nicht die Aufgabe, parzellenscharf und vorhabenbezogen Einzelstandorte für die Windenergienutzung auszuweisen. Vorhaben- und Eignungsgebiete müssen nicht parzellenscharf ausgewiesen werden. Das wäre wegen der Grobkörnigkeit ihrer Maßstäbe auch nicht möglich. Die Konkretisierung der Konzentrationsflächen ist Aufgabe der Bauleitplanung.[25] Konzentrationszonen für Windenergieanlagen müssen nicht von vornherein die windtechnisch am besten geeigneten Flächen enthalten.[26]

Legt ein Regionalplan ein Eignungsgebiet für die Windenergienutzung fest, hat eine Gemeinde den Umfang des Eignungsbereichs auf ihrem Gebiet grundsätzlich zu respektieren (§ 1 Abs. 4 BauGB). Randkorrekturen im Grenzbereich darf sie vornehmen, weil dem Regionalplan infolge seiner großen Maßstäbe die Parzellenschärfe fehlt. Sie können aus Gründen des Immissionsschutzes (TA Lärm) sogar geboten sein. Die Gemeinde ist im Übrigen darauf beschränkt, im Wege einer gebietsinternen „Feinsteuerung" einen Interessenausgleich zwischen potentiellen Windenergieprojekten und anderen Nutzungen innerhalb und außerhalb des Plangebiets vorzunehmen.[27] Die Herausnahme größerer Flächen aus dem Eignungsgebiet verletzt das Anpassungsgebot des § 1 Abs. 4 BauGB.[28]

---

[23] BVerwG ebd.
[24] BVerwG ebd.
[25] OVG Lüneburg, Urteil vom 9.10.2008 – OVG 12 KN 35/07 – ZfBR 2009, 150 (153); OVG Bautzen, Urteil vom 7.4.2005 – OVG 1 D 2/03 – Sächs.VBl. 2005, 225.
[26] BVerwG, Beschluss vom 12.7.2006 – BVerwG 4 B 49.06 – ZfBR 2006, 679 (680).
[27] BVerwG, Urteil vom 19.2.2004 – BVerwG 4 CN 16.03 – BVerwGE 120, 138 (143).
[28] OVG Greifswald, Urteil vom 9.4.2008 – OVG 3 L 84/05 – NordÖR 2009, 27; OVG Münster, Beschluss vom 22.9.2005 – OVG 7 D 21/04.NE – ZfBR 2006, 51.

Folgende Abwägungsfehler wurden festgestellt:

- Es ist fehlerhaft, Positivflächen festzulegen, die für die vorgesehene Nutzung von vornherein aus tatsächlichen oder rechtlichen Gründen schlechthin ungeeignet sind.[29]
- Es ist fehlerhaft, bei einer Überplanung der Region an der Mindestgröße von 25 ha für Flächen zur Nutzung der Windenergie festzuhalten, ohne zu berücksichtigen, dass die im Plangebiet auf kleineren Flächen bereits errichteten Windenergieanlagen damit auf den Bestandsschutz beschränkt werden und der Anlagenbetreiber ein Interesse daran haben kann, ältere Anlagen durch effizientere neue Anlagen zu ersetzen und auch neu anzuordnen (Repowering).[30]
- Es ist fehlerhaft, Flächen in eine Konzentrationszone aufzunehmen, obwohl der Eigentümer (z. B. eine Gemeinde) im Anhörungsverfahren die feste Absicht erklärt hat, keinem Anlagenbetreiber die Errichtung von Windenergieanlagen auf seinem Eigentum zu ermöglichen.[31] Hinzuzufügen ist: Entscheidend sind Lage und Größe der Positivflächen. Eine größere ausgewiesene Fläche, auf der für den Plangeber erkennbar dauerhaft kein Interesse an der Realisierung der vorgesehenen Nutzung besteht, darf nicht als Vorrang- oder Eignungsgebiet qualifiziert werden. Zweifeln am Realisierungswillen des Eigentümers ist bei der Planaufstellung nachzugehen. Andererseits gilt: Eine einzelne Fläche, auf der ein vom Plangeber unterstelltes Realisierungsinteresse nicht besteht, führt nicht gleich zur Unschlüssigkeit des gesamträumlichen Planungskonzepts.
- Der Plangeber darf sich bei der Auswahl der Vorranggebiete für Windenergieanlagen im Regionalen Raumordnungsplan nicht allein an den Wünschen der betroffenen Gemeinden orientieren. Insbesondere darf er die Ausweisung nicht davon abhängig machen, dass die betroffenen Gemeinden hierzu ihr „Einvernehmen" erteilen.[32]

Eignungsgebiete für Windenergieanlagen können möglicherweise „mangels Substanz" keine Ausschlusswirkung gem. § 35 Abs. 3 Satz 3 BauGB entfalten, wenn sie sehr großzügig bemessen sind, jedoch zahlreiche Streusiedlungen und kleinere Waldgebiete umfassen, deren Schutz der bauleitplanerischen „Feinsteuerung" überlassen bleibt. Die Ausschlusswirkung kann ggf. erst mit dem nachfolgenden Erlass eines Flächennutzungsplans eintreten, der für Windenergieanlagen erkennbar und abschließend ausreichend Raum schafft.

---

[29] VGH Mannheim, Urteil vom 9.6.2005 – VGH 3 S 1545/04 – ZfBR 2005, 691 (694).
[30] BVerwG, Urteil vom 24.1.2008 – BVerwG 4 CN 2.07 – ZNER 2008, 88.
[31] BVerwG ebd.
[32] OVG Weimar, Urteil vom 18.3.2008 – OVG 1 KO 304/06 – ZfBR 2009, 50 (56).

5. Die Relation zwischen Positivflächen und der Gesamtfläche des Plangebiets

Anzahl und Größe der Konzentrationszonen können ein Indiz für das Vorliegen einer unzulässigen Verhinderungsplanung sein. Wo die Grenze zur Verhinderungsplanung liegt, lässt sich nicht abstrakt durch mathematisch-präzise Formeln bestimmen.[33] Entscheidend ist, dass der Planung ein schlüssiges gesamträumliches Konzept zugrunde liegt und die einzelnen Abwägungsschritte nicht zu beanstanden sind. Liegt ein „grobes Missverhältnis" zwischen Positiv- und Negativflächen vor, ist die Planung fehlerhaft.[34] Die Rechtsprechung bietet ein vielfältiges Bild; einzelne Entscheidungen lassen sich nicht verallgemeinern.

- Der Plangeber hat mit der Ausweisung von vier Vorrangstandorten mit einer Fläche von insgesamt ca. 2 qm (200 ha) gegenüber der Gesamtfläche des Regionalverbands (Mittlerer Oberrhein) von 2.137 qkm der Windenergienutzung im Plangebiet – noch – in substanzieller Weise Raum geschaffen. Ein Regionalplan, der Vorranggebiete ausweist, deren Fläche nur ein Promille der Fläche des Plangebiets ausmacht, muss noch nicht die Grenze zur Negativplanung überschreiten.[35]

- Das Vorranggebiet von 8,4 ha ist angesichts fehlender „besonderer" örtlicher Gegebenheiten im Verhältnis zur Größe des Plangebiets von insgesamt 148 qkm = 14.800 ha zu klein.[36]

- Da der Anteil der Vorrang- und Eignungsgebiete für die Windenergienutzung von insgesamt 1.100 ha im Verhältnis zum gesamten Plangebiet 0,25 % beträgt, verbleibt der Windenergienutzung substantiell Raum.[37]

- Ein Flächennutzungsplan, der Konzentrationszonen für die Windenergienutzung von insgesamt 156,7 ha darstellt, ist abwägungsfehlerhaft, weil diese Flächen nur 8,26 % des 11.332 ha großen Gemeindegebiets ausmachen.[38]

§ 35 Abs. 3 Satz 3 BauGB gestattet es nicht, in der Bilanz der Positiv- und Negativflächen Vorbehaltsgebiete i. S. v. § 8 Abs. 7 Satz 1 Nr. 2 ROG 2009 als Positivausweisung zu werten.[39] Geht der Träger der Raumplanung davon aus, er gebe der

---

[33] BVerwG, Urteil vom 17.12.2002 – BVerwG 4 C 15.01 – BVerwGE 117, 287 (295); OVG Lüneburg, Urteil vom 13.6.2007 – OVG 12 LC 36/07 – ZfBR 2007, 689 (692).
[34] BVerwG, Urteil vom 13.3.2003 – BVerwG 4 C 4.02 – BVerwGE 118, 33 (48).
[35] VGH Mannheim, Urteil vom 9.6.2005 – VGH 3 S 1545/04 – ZfBR 2005, 691 (696).
[36] BVerwG, Urteil vom 21.10.2004 – BVerwG 4 C 2.04 – BVerwGE 122, 109 (112).
[37] OVG Bautzen, Urteil vom 7.4.2005 – OVG 1 D 2/03 – Sächs.VBl. 2005, 225 (236).
[38] VGH Kassel, Urteil vom 25.3.2009 – VGH 3 C 594/08.N – DVBl. 2009, 717 (720).
[39] BVerwG, Urteil vom 13.3.2003 – BVerwG 4 C 4.02 – BVerwGE 118, 33 (47 f.).

Windkraft auch durch die Ausweisung entsprechender Vorbehaltsgebiete substanziell Raum, ist dies abwägungsfehlerhaft.[40]

---

[40] OVG Weimar, Urteil vom 18. 3. 2008 – OVG 1 KO 304/06 – ZfBR 2009, 50 (55).

IV Standortgebundene Betriebe im Außenbereich

Olaf Reidt

I. Grundlagen

Die in § 35 Abs. 1 Nr. 1, 2, 5 bis 7 BauGB geregelten Tatbestände knüpfen in erster Linie an **bestimmte Nutzungen** an, die im Außenbereich privilegiert zulässig sein sollen. Darin liegt eine weitgehende gesetzgeberische Anerkennung, dass diese Nutzungen in der Regel nur im Außenbereich sinnvoll möglich sind. Zugleich liegt darin eine antizipierte normative Billigung dieser Nutzungen.

Demgegenüber ist Anknüpfungspunkt in § 35 Abs. 1 Nr. 3 und Nr. 4 BauGB in erster Linie die **Standortbindung** als solche, nicht oder jedenfalls nur eingeschränkt hingegen eine bestimmte Nutzungsart. Insofern handelt es sich also bei beiden Fällen letztlich um Auffangtatbestände. Der Unterschied zwischen diesen beiden Privilegierungstatbeständen wiederum liegt darin, dass § 35 Abs. 1 Nr. 3 BauGB vorrangig an einen **bestimmten Ort** anknüpft (z. B. an das Vorkommen eines Bodenschatzes bei einem Abbaubetrieb), während § 35 Abs. 1 Nr. 4 BauGB vor allem auf die Außenbereichslage als solche abstellt (z. B. wegen der von einem Vorhaben ausgehenden Emissionen oder Gefahren). Es ist also für Nr. 4 eher nachrangig, wo im Außenbereich das betreffende Vorhaben realisiert wird. Selbst § 35 Abs. 1 Nr. 3 BauGB verlangt mit der Bindung an einem bestimmten Ort keine „kleinliche" Standortprüfung. Spezifischer Standortbezug ist nicht gleichbedeutend mit einer gleichsam quadratmetergenau erfassbaren Zuordnung des Vorhabens zu der in Anspruch genommenen Örtlichkeit.[1]

II. § 35 Abs. 1 Nr. 3 BauGB

1. Vorhaben, die der öffentlichen Versorgung dienen

Privilegiert sind durch § 35 Abs. 1 Nr. 3 BauGB Vorhaben, die der **öffentlichen Versorgung** mit Elektrizität, Gas, Telekommunikationsdienstleistungen, Wärme und Wasser oder der Abwasserwirtschaft dienen. Unter öffentlicher Versorgung ist die Versorgung der Allgemeinheit zu verstehen (vgl. § 1 Abs. 1 EnWG). Nicht erforderlich ist, dass das betreffende Vorhaben in der Trägerschaft staatlicher Stellen steht. Auch eine öffentliche Rechtsform des Versorgungsträgers ist nicht notwen-

---

[1] BVerwG, Urteil v. 16.6.1994 – 4 20.93, BVerwGE 1996, 95.

dig. Ebenso wenig ist die Rechtsqualität der bestehenden Versorgungsverhältnisse maßgeblich. Es kommt vielmehr darauf an, ob die Leistungen der jeweiligen Einrichtung **auch** der Allgemeinheit dienen. Selbst wenn die betreffenden Leistungen nur einen beschränkten Kreis von Versorgten oder Versorgungsberechtigten zur Verfügung stehen, ist das Merkmal der öffentlichen Versorgung nicht ausgeschlossen. Nicht erfüllt ist es allerdings dann, wenn es allein um die Versorgung eines Einzelnen für dessen Eigenbedarf geht.[2] Es muss also ein hinreichendes Maß an „Überschussproduktion" gewährleistet sein.

2. Gewerbliche Betriebe

Des Weiteren sind durch § 35 Abs. 1 Nr. 3 Vorhaben privilegiert, die (ortsgebundenen)[3] **gewerblichen Betrieben** dienen. Der Begriff des Gewerbes ist dabei nicht im Sinne des Gewerberechts („jede erlaubte, auf Gewinnerzielung gerichtete und auf Dauer angelegte selbstständige Tätigkeit, ausgenommen Urproduktion frei Berufe und bloße Verwaltung eigenen Vermögens") zu verstehen. Er hat vielmehr eine **städtebaurechtliche** Funktion. Daher schließt er insbesondere auch die Urproduktion mit ein. Er ist abzugrenzen von Tätigkeiten, die nicht mit hinreichender Dauerhaftigkeit und Gewinnerzielungsabsicht betrieben werden, sondern in erster Linie Freizeitbeschäftigungen oder Liebhabereien darstellen.

3. Ortsgebundenheit

Die Privilegierung des § 35 Abs. 1 Nr. 3 BauGB ist auf die Fälle beschränkt, in denen eine **Ortsgebundenheit** besteht. Obgleich sich dies aus dem Gesetzeswortlaut nicht ohne Weiteres erschließt, gilt dies nach der Rechtsprechung auch für Vorhaben, die der öffentlichen Versorgung dienen. Diese Anforderung sei bei derartigen Vorhaben „allenfalls graduell abgeschwächt".[4] Ortsgebunden ist ein gewerblicher Betrieb, wenn das betreffende Gewerbe nach seinem Wesen und nach seinem Gegenstand und nicht etwa aus Gründen der Rentabilität auf die geografische oder geologische Eigenart der fraglichen Stelle angewiesen ist. Reine Lagevorteile, mit denen das betreffende Vorhaben hingegen nicht steht oder fällt, reichen nicht aus.[5] Diese Voraussetzungen sind vor allem bei Betrieben zur Gewinnung von Bodenschätzen (z. B. Steinbrüche, Sandgruben, Torfgewinnungsanlagen) erfüllt.

Für die Frage, ob ein Betrieb oder auch ein der öffentlichen Versorgung dienendes Vorhaben ortsgebunden ist, ist von dem konkreten Betrieb bzw. von dem konkre-

---

[2] S. insbesondere BVerwG, Urteil v. 16.6.1994 – 4 C 20.93, BVerwGE 96, 95; Urteil v. 18.2.1983 – 4 C 19.81, NJW 1983, 2716.
[3] S. nachfolgend unter 3.
[4] Grundlegend BVerwG, Urteil v. 16.6.1994 – 4 C 20.93, BVerwGE 96, 95.
[5] S. insbesondere BVerwG, Urteil v. 5.7.1974 – 4 C 76.71, BVerwGE 50, 46; BVerwG, Urteil v. 16.6.1994 – 4 C 20.93, BVerwGE 96, 95.

ten Vorhaben auszugehen. Geboten ist eine konkrete, nicht typisierende Betrachtung des privilegierten Betriebes und der ihm zugeordneten Nebennutzung.[6] Trotz dieser konkreten, betriebsbezogenen Sichtweise bestehen die eigentlichen Probleme hier in der Detailabgrenzung.

Ein gutes Beispiel dafür ist die Diskussion um die Frage, ob Kraftwerke zur Stromerzeugung gem. § 35 Abs. 1 BauGB privilegiert sind oder nicht. Geht es um Wasserkraftwerke, resultiert eine Privilegierung bereits aus dem speziellen Tatbestand des § 35 Abs. 1 Nr. 5 BauGB („Nutzung der ... Wasserenergie"). Entsprechendes gilt unabhängig von allen weiteren atomrechtlichen Restriktionen gem. § 35 Abs. 1 Nr. 7 BauGB für Kernkraftwerke („ ... Nutzung der Kernenergie zu friedlichen Zwecken ...").

Aber auch über diese beiden Tatbestände hinaus gibt es nicht „das Kraftwerk" bzw. „den Kraftwerkstyp". Auch wenn dem durch die nach der Rechtsprechung gebotene konkrete Betrachtung zumindest teilweise Rechnung getragen werden kann, verbleiben Unklarheiten gerade im Hinblick auf die Frage, unter welchen Voraussetzungen es nur um reine Lagevorteile geht oder ob ein Kraftwerk auf die geografische oder geologische Eigenart der fraglichen Stelle angewiesen ist. Zu nennen sind hier etwa Braunkohlekraftwerke, da ein Transport der Braunkohle – anders als bei Steinkohle – über längere Distanzen kaum möglich oder jedenfalls sinnvoll ist.[7] Aber auch bei anderen Kraftwerken, etwa Gaskraftwerken oder Steinkohlekraftwerken, stellen sich ähnliche Fragen. So ist es etwa für Steinkohlekraftwerke oftmals vom großen Vorteil, wenn sie auf einer Außenbereichsfläche in der Nähe eines Gewässers angesiedelt werden können. Soweit es dabei lediglich um Vereinfachungen bei der Anlieferung von Kohle oder der Entsorgung von Reststoffen geht, handelt es sich um einen reinen Lagevorteil, mit dem das betreffende Vorhaben nicht steht oder fällt und der daher auch für eine Privilegierung nicht ausreicht. Allerdings ist hierbei auch zu berücksichtigen, dass auf diese Weise in erheblichem Umfang auch Fahrzeugbewegungen vermieden werden können, die nicht nur dem wirtschaftlichen Vorteil des Betreibers dienen, sondern auch öffentlichen Belangen. Soll etwa mittels der Lage an einem Gewässer erreicht werden, dass eine Durchlaufkühlung erfolgt, kann dies die Errichtung eines Kühlturms vermeiden oder jedenfalls dessen Höhe deutlich reduzieren, was nicht nur wirtschaftliche Bedeutung hat, sondern auch für die Belange des Orts- und Landschaftsbildes von erheblicher Bedeutung ist. Zudem kann bei einer Durchlaufkühlung im Vergleich zu einer Kreislaufkühlung mit Kühlturm der Wirkungsgrad eines Kraftwerks deutlich erhöht werden, was sich zwar auch, aber eben nicht nur in der Rentabilität des Projektes niederschlägt. Denn dies hat unmittelbare Bedeutung auch für den in § 1 Abs. 6 Nr. 7a BauGB genannten öffentlichen Belang des Klimaschutzes, da auf diese Weise der CO_2-Ausstoß vermindert wird.

---

[6] BVerwG, Beschluss v. 28.8.1998 – 4 B 66/98, NVwZ-RR 1999, 106 (zur Privilegierung gem. § 35 Abs. 1 Nr. 1 BauGB).
[7] Zum „Mitschleifen" von Tätigkeiten, die mit einer ortsgebundenen Nutzung (Abbau von Braunkohle) unmittelbar zusammenhängen s. unter 4.

Dies alles macht deutlich, dass es in jedem Fall einer vorhabenbezogenen Betrachtung im Einzelfall bedarf. Einerseits ist die § 35 BauGB zugrundeliegende Zielsetzung, eine größtmögliche Schonung des Außenbereichs zu wahren, zu berücksichtigen. Andererseits müssen auch die Vorteile des Gemeinwohls in den Blick genommen werden, die mit der Realisierung eines Vorhabens im Außenbereich erreicht werden, auch wenn sie mit einem wirtschaftlichen Vorteil für den Betreiber verbunden sind. Die vorstehenden Hinweise zu Kraftwerken haben insofern nur exemplarischen Charakter. Sie gelten für andere Vorhaben in gleicher bzw. in ähnlicher Weise.

4. Umfang der Privilegierung

Privilegiert ist nicht nur die ortsgebundene Tätigkeit als solche. Erfasst wird als privilegiertes Vorhaben vielmehr der jeweilige Betrieb als solcher. Dies unterliegt allerdings Einschränkungen in beide Richtungen.

Zum einen besteht die Privilegierung nur dann, wenn ein Unternehmen mit einem im engsten Sinne des Wortes ortsgebundenen Betriebszweig in Rede steht und dieser im engsten Sinne des Wortes ortsgebundener Betriebszweig den gesamten Betrieb prägt. Es genügt also etwa nicht, wenn eine einzelne Nebenanlage eines Betriebs, die diesen nicht prägt, ortsgebunden ist (z. B. ein Holzsammel- oder Holzlagerplatz für eine Möbelfabrik oder ein Sägewerk).

Andererseits umfasst die Privilegierung jedoch auch im eigentlichen Sinne des Wortes nicht ortsgebundene Tätigkeiten, wenn sie mit der ortsgebundenen Nutzung unmittelbar zusammenhängen. Es genügt allerdings nicht, wenn die betreffende Tätigkeit nur aus Gründen der Wirtschaftlichkeit ebenfalls an dem betreffenden Außenbereichsstandort betrieben werden soll. Dies muss vielmehr bei typisierender Betrachtung den technischen Erfordernissen der betreffenden Betriebsart entsprechen[8]. Dies ist beispielsweise der Fall, wenn Bodenschätze vor ihrem Transport aufbereitet oder sofort an Ort und Stelle verarbeitet werden müssen (z. B. Verkleinerungsanlagen im Steinbruch, Ziegelei im Rahmen der Tongewinnung, nicht hingegen in der Regel bei Konservenfabriken, Zuckerfabriken u. ä.). Entsprechendes gilt für Wohnungen für Betriebsleiter oder für Aufsichtspersonal, Verwaltungsgebäude u.ä. Auch derartige Nutzungen sind zulässig, wenn sie mit der ortsgebundenen Tätigkeit unmittelbar zusammenhängen und den Erfordernissen der betreffenden Betriebsart entsprechen. Dies ist etwa bei einem Steinbruchbetrieb im Bezug auf Überwachungspersonal wegen der bestehenden Verkehrssicherungspflicht denkbar oder für ein kleineres Verwaltungsgebäude für den Standort, nicht hingegen etwa für die Hauptverwaltung des Gesamtunternehmens.

---

[8] BVerwG, Urteil v. 7.5.1976, BVerwGE 50, 346.

5. „Dienen"

Das betreffende Vorhaben muss der privilegierten Außenbereichsnutzung **dienen**. Daraus ergibt sich insbesondere eine Beschränkung hinsichtlich der Größe und des Flächenverbrauchs. Erforderlich ist, dass ein vernünftiger Betriebsinhaber unter Beachtung des Gebots größtmöglicher Schonung des Außenbereichs das Vorhaben an diesem Standort mit etwa gleichem Umfang durchführen würde. Insoweit gelten entsprechende Anforderungen wie bei § 35 Abs. 1 Nr. 1 BauGB für land- oder forstwirtschaftliche Betriebe. Ergänzt wird dieses Kriterium durch § 35 Abs. 5 Satz 1 BauGB, nach dem eine flächensparende, die Bodenversiegelung auf das notwendige Maß begrenzende und den Außenbereich schonende Ausführung von Außenbereichsvorhaben zu gewährleisten ist. Hingegen bietet der Begriff des „Dienens" keine Handhabe dafür, die durch den Antragsteller vorgenommene Standortwahl als solche zu korrigieren[9].

6. Rückbauverpflichtung u. ä.

Ebenso wie bei den anderen gem. § 35 Abs. 1 Nr. 2 bis 6 BauGB privilegierten Vorhaben sind auch bei den ortsgebundenen Nutzungen die Vorschriften in § 35 Abs. 5 Satz 2 bis 4 BauGB zum **Rückbau** und dessen Absicherung zu beachten.

7. Entgegenstehende öffentliche Belange

Für die Frage, ob **öffentliche Belange** einem standortgebundenen Vorhaben entgegenstehen, gelten keine Besonderheiten im Vergleich zu anderen privilegierten Außenbereichsvorhaben. Insbesondere bei Betrieben zur Gewinnung von Bodenschätzen können vor allem die Anforderungen gem. § 35 Abs. 3 Satz 1 Nr. 5 BauGB (Belange des Naturschutzes usw.) von Bedeutung sein. Dies gilt nicht nur, wenn der betreffende Bereich förmlich unter Schutz gestellt wurde (z. B. durch eine Landschafts- und Naturschutzverordnung).

Darstellungen im Flächennutzungsplan der Standortgemeinde können einem Vorhaben gem. § 35 Abs. 1 Nr. 3 BauGB in der Regel nur dann entgegenstehen, wenn dieser für die betreffende Fläche eine qualifizierte Standortdarstellung enthält. Hat die Darstellung hingegen eine bloße Auffangfunktion, so wie dies zumeist bei der Darstellung von Flächen für die Landwirtschaft der Fall ist, steht sie dem betreffenden Vorhaben in der Regel nicht entgegen.[10]

Ob ein **Planungserfordernis**, insbesondere also die Notwendigkeit der Binnen- oder Außenkoordination oder auch die Notwendigkeit einer interkommunalen Abstimmung, als ungeschriebener öffentlicher Belang i. S. v. § 35 Abs. 3 Satz 1

---

[9] BVerwG, Urteil v. 16.6.1994 – 4 C 20.93, BVerwGE 96, 95.
[10] BVerwG, Urteil v. 6.10.1989 – 4 C 28/86, NVwZ 1991, 161.

BauGB einem standortgebundenen Außenbereichsvorhaben entgegenstehen kann, ist zumindest zweifelhaft. Das Bundesverwaltungsgericht hat dies für nicht privilegierte Vorhaben in einer jüngeren Entscheidung bejaht.[11] Ob dies im Hinblick darauf, dass privilegierte Vorhaben gleichsam planmäßig dem Außenbereich zugewiesen sind, ohne Weiteres übertragbar ist, erscheint zumindest zweifelhaft. Jedenfalls in der bisherigen Rechtsprechung zu privilegierten Außenbereichsvorhaben wird dies verneint.[12] Daher wird man, wenn überhaupt, nur in besonderen Ausnahmefällen annehmen können, dass ein Planungserfordernis einem privilegierten Außenbereichsvorhaben entgegensteht.

8. Ziele der Raumordnung

Ist ein standortgebundenes Außenbereichsvorhaben **raumbedeutsam**, was zumindest sehr häufig der Fall ist (s. § 3 Abs. 1 Nr. 6 ROG), gelten die Bestimmungen in § 35 Abs. 3 Satz 2 BauGB. Danach dürfen raumbedeutsame Vorhaben Zielen der Raumordnung nicht widersprechen. Andererseits stehen öffentliche Belange dem Vorhaben nicht entgegen, soweit sie bei der Darstellung als Ziele der Raumordnung abgewogen worden sind. Ebenfalls besteht die Möglichkeit, dass gemäß § 35 Abs. 3 Satz 3 BauGB eine Ausweisung an anderer Stelle im Flächennutzungsplan oder als Ziel der Raumordnung erfolgt ist (z. B. als Abgrabungskonzentrationszone). Insofern gelten keine anderen Anforderungen als sie insbesondere im Zusammenhang mit Vorrang- oder Eignungsgebieten für Windenergieanlagen durch die Rechtsprechung entwickelt worden sind.

III. § 35 Abs. 1 Nr. 4 BauGB

1. Keine Realisierung im Innenbereich

Durch § 35 Abs. 1 Nr. 4 BauGB werden Vorhaben privilegiert, die aus bestimmten Gründen **nur im Außenbereich ausgeführt werden sollen**. Im Umkehrschluss bedeutet dies, dass es um Vorhaben gehen muss, die im beplanten oder in einem nach § 34 BauGB zu bewertenden Bereich nicht realisiert werden dürfen oder jedenfalls nicht realisiert werden sollen. Dabei geht es nicht darum, ob für ein bestimmtes Vorhaben ein Bebauungsplan aufgestellt werden kann, da dies insbesondere über die Festsetzung von Sondergebieten gem. § 11 BauNVO praktisch immer möglich ist. Gemeint ist vielmehr die **konkrete Situation** in der betreffenden Gemeinde unter Berücksichtigung der dortigen örtlichen Gegebenheiten. Maßgeblich ist, ob im Innenbereich der jeweiligen Gemeinde für das betreffende Vorhaben ein

---

[11] BVerwG, Urteil v. 1.8.2002 – 4 C 5.01, BVerwGE 117, 25.
[12] BVerwG, Urteil v. 27.6.1993 – 4 B 201.82, NVwZ 1994, 169.

geeignetes Grundstück zur Verfügung steht oder ob nach den voraussehbaren Bedürfnissen der Gemeinde (§ 5 Abs. 1 Satz 1 BauGB) zumindest mit einer entsprechenden planerischen Ausweisung zu rechnen wäre. Es geht also um Vorhaben, die zumeist eher singulären Charakter haben und für die deshalb in der Regel nicht planerisch vorausschauend geeignete Standorte in der betreffenden Gemeinde planerisch festgesetzt werden.[13] In begrenztem Umfang kann dabei, vor allem bei kleineren Gemeinden, auch das Gebiet von Nachbargemeinden mit in den Blick genommen werden.[14]

2. Mit dem Vorhaben verbundene besondere Anforderungen

§ 35 Abs. 1 Nr. 4 BauGB bestimmt, warum ein Vorhaben nur im Außenbereich realisiert werden soll. Dies können **besondere Anforderungen** an die Umgebung (z. B. Schwimmbäder an Flüssen und Seen, Aussichtstürme), **nachteilige Wirkungen** auf die Umgebung (z. B. stark emittierende oder gefährliche Betriebe wie Intensivhühnerhaltungen, Schweinemästereien, Schießplätze, Störfallbetriebe) oder eine **besondere Zweckbestimmung** (z. B. Jagdhütten, Fischerhütten, Bienenhäuser) sein. Es ist also eine besondere Beziehung zum Außenbereich notwendig. Ein öffentliches Interesse an dem Vorhaben ist nicht notwendig. Andererseits genügt es in der Regel nicht, wenn es um bloße Erholung- oder Freizeitinteressen von Einzelpersonen geht. Aus der einschränkenden Zweckbestimmung des Privilegierungstatbestandes ergibt sich zugleich, dass die Privilegierung auf das **Erforderliche des jeweiligen Vorhabens** beschränkt ist. Dies gilt insbesondere für die konkrete Ausgestaltung (z. B. bei einer Jagdhütte).

Die weiteren unter II. zu § 35 Abs. 1 Nr. 3 BauGB genannten Anforderungen, Einschränkungen und planerischen Steuerungsmöglichkeiten gelten bei Vorhaben gem. § 35 Abs. 1 Nr. 4 BauGB im Wesentlichen sinngemäß.

---

[13] S. hierzu insbesondere BVerwG, Urteil v. 16.6.1994 – 4 C 20.93, BVerwGE 96, 95; Urteil v. 27.6.1983 – 4 B 206.82, NVwZ 1984, 169
[14] Vgl. OVG Schleswig, Urteil v. 8.7.2004 – 1 LB 4/04, NVwZ-RR 2005, 620; OVG Bautzen, Urteil v. 18.6.2003 – 4 B 128/01, NVwZ 2004, 1138.

V Anforderungen an die Zulassung von Fotovoltaikfreiflächenanlagen

Stephan Mitschang

I. Einleitung

Im Jahr 2008 waren in Deutschland insgesamt ca. 11 Millionen Quadratmeter Kollektorfläche installiert. Das neue EEG-2009[1], das am 1. Januar 2009 in Kraft getreten ist, verpflichtet die Stromnetzbetreiber, Strom aus erneuerbaren Energien vorrangig abzunehmen und dafür einen festgesetzten Preis zu bezahlen. Bis zum Jahr 2030[2] soll bereits die Hälfte des in Deutschland verbrauchten Stroms aus Erneuerbaren Energien stammen.

Zu den Erneuerbaren Energien rechnet auch die solare Strahlungsenergie, die gegenwärtig auf zweierlei Art und Weise genutzt werden kann: Entweder durch eine Fotovoltaikanlage an oder auf einer baulichen Anlage oder als sog. „echte" Freiflächenanlage. Diese Fotovoltaikfreiflächenanlagen stehen im Vordergrund der folgenden Ausführungen und werden im Anschluss an einige allgemeine Darlegungen zu Erneuerbaren Energien einer genaueren Betrachtung hinterzogen. Nach einer Betrachtung der Anforderungen des EEG-2009 werden die standortbezogenen Erfordernisse derartiger Anlagen sowie ihre Zulassungsvoraussetzungen nach dem Baugesetzbuch (BauGB[3]) in den Blick genommen. Einzelfragen, die sich insbesondere mit regional- und bauleitplanerischen Standortsteuerungsanforderungen auseinandersetzen und schließlich ein Ausblick auf die künftige Entwicklung gegeben, runden die Untersuchung ab. Zusammengenommen wird so ein aktueller Überblick über den Stand, die Zulassung und die gegenwärtig bestehenden Steuerungsmöglichkeiten von Fotovoltaikfreiflächenanlagen gegeben und gleichzeitig deren Bedeutung für die Nutzung Erneuerbaren Energien einer fachlichen und rechtlichen Wertung unterzogen.

---

[1] Gesetz für den Vorrang Erneuerbarer Energien (Erneuerbare Energien Gesetz – EEG) vom 25.10.2008, BGBl. I S. 2074, zul. geänd. durch Gesetz vom 28.3.2009, BGBl. I S. 643.
[2] Zehn Jahre früher, also 2020, soll der Anteil immerhin auch schon 30% betragen.
[3] Baugesetzbuch i. d. F. der Bek. vom 23.9.2004, BGBl. I S. 2414, zul. geänd. durch Gesetz vom 21.12.2006, BGBl. I S. 3316.

II. Erneuerbare Energien

1. Allgemeines

Unter den verfügbaren Energieträgern kann in stofflicher Hinsicht eine Differenzierung in sog. „fossile"[4] und „erneuerbare" Energieträger unterschieden werden. Die erneuerbaren Energieträger erfassen die unmittelbaren solaren Energiequellen[5] sowie die Gezeitenenergie und die Geothermie und sind daher - anders als die fossilen Energieträger - unerschöpflich. So liefert die Sonne jährlich eine Energiemenge, die den Energiebedarf von Deutschland um das etwa 80-fache übersteigt.[6] Bei der hier im Vordergrund stehenden solaren Strahlungsenergie ist noch einmal zwischen der Solarthermie[7], die der Wärmenutzung dient, zu unterscheiden und der Fotovoltaik, deren Bedeutung in der Stromerzeugung liegt.

Funktionsweise und Leistungsfähigkeit von Fotovoltaikanlagen hängen von unterschiedlichen Faktoren ab. Die durch die Sonne zur Verfügung gestellte und in die tages- und jahreszeitlich unterschiedliche sog. „Diffus- und Direktstrahlung" differenzierbare Globalstrahlung ist zudem auch vom Umfang der Wolkenbedeckung und dem Breitengrad des Standortes abhängig.[8] Der fotovoltaische Effekt entsteht dadurch, dass durch Solarzellen in den Fotovoltaikanlagen das Licht in elektrischen Strom umgewandelt wird. Dabei ergeben sich allerdings auch Grenzen der Leistungsfähigkeit. So kann die solare Strahlungsenergie nicht in vollem Umfang genutzt werden, weil in verschiedenen Strahlungsspektren nicht genug Energie zur Freisetzung von Photonen vorhanden ist. Angegeben wird die Leistung von Solaranlagen in Watt$_{peak}$ (W_p).[9] Ermittelt wird sie in Abhängigkeit von der Anzahl der Module, der Temperatur und den verwendeten Zellmaterialien.[10] Derzeit verwendete Zelltypen bestehen in sog. „Waferzellen"[11] sowie in Dünnschichtzellen[12]. Der

---

[4] Insoweit ist noch einmal in „fossil-biogene" (z. B. Braunkohle, Steinkohle oder flüssige sowie gasförmige Kohlenwasserstoffe) sowie in „fossil-mineralische" (wie Uran, Wasserstoff) Energieträger zu differenzieren. Im Einzelnen dazu: Maslaton/Zschiegner, Grundlagen des Rechts der Erneuerbaren Energien, Leipzig, 2005, S. 1 sowie Kaltschmitt/Streicher/Wiese (Hrsg.), Erneuerbare Energien – Systemtechnik, Wirtschaftlichkeit, Umweltaspekte, 4. Aufl., Berlin, 2006, S. 2.
[5] Darunter fallen auch die Biomasse, die Windenergie sowie die Wasserkraft, da auch sie zuletzt auf die Sonnenenergie zurückzuführen sind.
[6] www.bmu.de/erneuerbare_energien/kurzinfo/doc/3988.php. Zugriff am 10.6.2009.
[7] Hierbei erfolgt eine Umwandlung von kurzwelliger Solarstrahlung in Wärme. Durch die Solaranlage wird die Solarstrahlung absorbiert und mit Hilfe eines Wärmeträgers an ein wärmespeicherndes Medium weitergeleitet und dadurch einerseits für die Warmwasserbereitung, andererseits für die Gebäudebeheizung genutzt werden. Im Einzelnen dazu: Reiche, Rahmenbedingungen für erneuerbare Energien in Deutschland, Frankfurt/Main, 2004, S. 61 f.
[8] Kaltschmitt/Streicher/Wiese (Hrsg.), Erneuerbare Energien – Systemtechnik, Wirtschaftlichkeit, Umweltaspekte, 4. Aufl., Berlin, 2006, S. 49 ff.
[9] Gegenwärtig ist zur Erzeugung von 1kW_p (Kilowatt-peak) eine Modulfläche von 8 m^2 erforderlich.
[10] Kaltschmitt/Streicher/Wiese (Fn. 8), S. 239.
[11] Das sind mono- oder polykristalline Siliziumzellen.

gegenwärtig in Deutschland erreichbare Wirkungsgrad[13] liegt bei 21 %[14] und variiert in Bezug auf die verwendeten Zelltypen sowie auf bei der Energieumwandlung auftretende Verluste. Ziel der technischen Entwicklung ist es daher, den Wirkungsgrad der Anlagen zu erhöhen.[15]

Solaranlagen können als netzunabhängige (z. B. bei Parkscheinautomaten) oder als netzgekoppelte Systeme ausgebildet werden. Die netzgekoppelten Systeme lassen sich noch einmal in dezentrale (z. B. auf Hausdächern) und zentrale Systeme (z. B. auf Freiflächen) differenzieren. Zentrale Solaranlagen werden entweder starr oder nachführend[16] montiert, weisen zudem eine Gründung/Verankerung, Unterkonstruktion samt Modulhalterung sowie unterirdischer Verkabelung auf und haben je nach Leistung mehrere Wechselrichter zur Umwandlung von Gleich- in Wechselstrom.[17]

2. Zur Bedeutung der Erneuerbaren Energien

Erneuerbare Energien haben zwar in den letzten beiden Jahrzehnten an Bedeutung gewonnen, doch tragen nach wie vor die fossilen Energieträger am stärksten zur Energieversorgung bei. Den Erneuerbaren Energien kommt nur ein vergleichsweise geringer Anteil an der Gesamtenergieerzeugung zu. Vor allem die Industrieländer stehen vor der großen Herausforderung, durch drastische Senkung ihres Energieverbrauchs, den voranschreitenden Klimawandel in seinen Auswirkungen abzumildern und dabei gleichzeitig ihre Abhängigkeit von den Primärenergien, insbesondere von Öl, Kohle und Gas zu lockern, indem sie einerseits sparsam und andererseits schonend die vorhandenen Energieträger nutzen sowie zunehmend mehr Erneuerbare Energien zum Einsatz bringen. Tatsächlich nahm bei genauer Betrachtung der Anteil der Erneuerbaren Energien an der Gesamtenergiebereitstellung in Deutschland von lediglich 3,8 % im Jahr 2000 auf nunmehr 9,8 % für das Jahr 2007 deutlich zu.[18] Das Ziel der Bundesregierung, bis zum Jahr 2010 insgesamt 12,5 % des Bruttostromverbrauchs mit Erneuerbaren Energien zu decken, wurde

---

[12] Entweder aus amorphem Silizium oder einer Mischung aus Cadmium-Tellurid.
[13] Dieser spiegelt das Verhältnis von eingestrahlter Leistung des Sonnenlichts und gewinnbarer elektrischer Leistung wider.
[14] Bei einer erreichten durchschnittlichen solaren Strahlungsenergie von ca. 1.000 W/m² können lediglich bis zu 210 W/m² Solarfläche genutzt werden.
[15] Kaltschmitt/Streicher/Wiese (Fn. 8), S. 256.
[16] Dadurch kann der Einfallwinkel der Strahlung über längere Zeit hoch gehalten werden.
[17] Im Einzelnen hierzu: Kaltschmitt/Streicher/Wiese (Fn. 8), S. 254 ff.
[18] Bundesministerium für Umwelt, Naturschutz und Reaktorsicherheit (Hrsg.), Erneuerbare Energien in Zahlen, Stand: Dezember 2008, Berlin, S. 8.

bereits im Jahr 2007[19] erreicht. Bis zum Jahr 2020 sollen es sogar 30 % sein und auch in den folgenden Jahren soll der Anteil kontinuierlich steigen.[20]

III. Fotovoltaikfreiflächenanlagen und ihr Anteil an den Erneuerbaren Energien

1. Aktuelle Situation

Die Stromerzeugung aus Fotovoltaikanlagen war auch im Jahr 2007 ansteigend. Mit insgesamt rund 3,1 TWh lag sie etwa 40 % höher als im Jahr 2006. Sie trug daher 0,5 %[21] zum Bruttostromverbrauch bei.[22] Für die künftige Entwicklung ist insoweit zu berücksichtigen, dass einerseits die Anlagentechnik nicht nur besser, sondern dadurch die Stromerzeugung auch günstiger wird und andererseits allerdings die Vergütung nach EEG für Solarstrom aus Neuanlagen jährlich um 8-10 % sinkt.[23]

Bis zum Beginn der neunziger Jahre waren Solaranlagen in Deutschland nur gering verbreitet.[24] Bis Ende des Jahres 2007 sind insgesamt 228 Anlagen bzw. Bauabschnitte in Betrieb genommen worden.[25] Der weitaus größte Anteil dieser Anlagen wurde nach dem Jahr 2004 errichtet.[26] Der Grund hierfür ist darin zu sehen, dass in das EEG-2004 einerseits Freiflächenanlagen ihre Aufnahme fanden und andererseits außerdem die obere Leistungsgrenze von 100 kW_p je Anlage weggefallen ist. Damit war der Weg für die Realisierung von Großanlagen möglich.

Zusammengenommen haben die in Betrieb befindlichen Fotovoltaik freiflächenanlagen am Ende des Jahres 2007 eine Leistung von 303,7 MW_p erbracht.[27] Dies bedeutet einerseits eine Steigerung um 66 % gegenüber dem vorangegangenen Jahr.[28]

---

[19] Der Bruttostromverbrauch wurde in diesem Jahr schon zu 14 % aus Erneuerbaren Energien gedeckt. Vgl. Bundesministerium für Umwelt, Naturschutz und Reaktorsicherheit (Fn. 18), S. 5 und 7.
[20] Vgl. oben I.
[21] Bundesministerium für Umwelt, Naturschutz und Reaktorsicherheit (Fn. 18), Berlin, S. 9.
[22] Dadurch werden insgesamt 2,7 %, nämlich 2.101 Tonnen an Kohlendioxidemissionen vermieden. Vgl. Bundesministerium für Umwelt, Naturschutz und Reaktorsicherheit (Fn. 18), S. 20.
[23] Vgl. dazu genauer unten III. 2.2.
[24] Zur Entwicklung, vgl. Jessel/Kuler, Naturschutz und Landschaftsplanung 2006, S. 225 f.
[25] ARGE Monitoring PV-Anlagen, Monitoring zur Wirkung des novellierten EEG auf die Entwicklung der Stromerzeugung aus Solarenergie, insbesondere der Photovoltaik-Freiflächen - Ergänzungsbericht 2007, Stand: 10. April 2008, S. 6.
[26] Im bislang stärksten Jahr 2005 wurden allein 58 Anlagen errichtet. Vgl. hierzu genauer: ARGE Monitoring PV-Anlagen (Fn. 25), S. 6.
[27] Ebenda.
[28] Vgl. Tab. 2-2, in: ARGE Monitoring PV-Anlagen (Fn. 25), S. 7.

Andererseits darf dabei nicht verkannt werden, dass der Anteil der Freiflächenanlagen nur etwa 8 % der installierten Leistung ausmacht.[29]

Betrachtet man die Entwicklung in den einzelnen Bundesländern genauer, so zeigt sich ein deutliches Nord-Süd-Gefälle, und zwar dergestalt, dass in Bayern mit großem Abstand die meisten Fotovoltaikfreiflächenanlagen errichtet wurden (insgesamt 141). Ein Grund hierfür ist in der erhöhten Einstrahlung in den südlichen Bundesländern, ein anderer aber auch in der Genehmigungspraxis der Bundesländer zu sehen.[30]

Die im Zeitraum von 2001 - 2007 entstandenen Fotovoltaikfreiflächenanlagen wurden zu fast drei Vierteln (73 %) auf ehemaligem Ackerland, zu 21 % auf Konversionsflächen und zu lediglich 4 % auf versiegelten Flächen errichtet.[31]

Die am häufigsten verwendete Zelltechnologie bei Fotovoltaikfreiflächenanlagen lässt sich auf drei unterschiedliche Arten begrenzen[32]:

- Hochleistungssolarzellen als regelmäßig monokristalline Zellen,
- Kristalline Siliziumsolarzellen als monokristalline oder polykristalline Zellen,
- Dünnschichtzellen aus amorphem Silizium, Cadmium-Indium-Diselenid (CIS) oder Cadmium-Tellurid.

Für die nähere Zukunft dürfte insoweit damit zu rechnen sein, dass die Entwicklung in Richtung der Dünnschichttechnik geht.[33] Eine derartige Unterscheidung ist jenseits technischer Gesichtspunkte auch deshalb wichtig, weil beiden Zelltechnologien verschiedene Flächenverbrauchsdaten zu Grunde liegen.[34] Im Jahr 2007 lag der Gesamtflächenbedarf für Fotovoltaikfreiflächenanlagen bei insgesamt etwa 1138 ha.[35]

In Bezug auf die Entwicklung der Fotovoltaikfreiflächenanlagen in den nächsten Jahren ist es zunächst wichtig, dass nach einer vom BMU in Auftrag gegebenen

---

[29] Ebenda, S. 9.
[30] Zur baurechtlichen Zulassung von Fotovoltaikfreiflächenanlagen, vgl. unten V.
[31] ARGE Monitoring PV-Anlagen (Fn. 25), S. 18.
[32] www.iwr.de/solar/erricht/photovoltaik.html. Zugriff am 16.6.2009.
[33] Zu diesem Ergebnis kommt die ARGE Monitoring PV-Anlagen (Fn. 25), S. 14. Im Jahr 2007 hat sich die neu installierte Leistung auf der Grundlage der Dünnschichttechnik um über 60 % erhöht.
[34] Bei Verwendung kristalliner Waferzellen liegt der Flächenverbrauch pro MW bei 2,1 - 2,2 ha, bei Dünnschichtmodulen demgegenüber bei etwa 2,8 - 2,9 ha. Allerdings ist seit dem Jahr 2004 der Flächenverbrauch, insbesondere aufgrund technischer Entwicklungen deutlich sinkend (von etwa 3,6 - 3,7 ha auf 2,7 - 2,8 ha insgesamt). Ebenda, S. 20 ff.
[35] Hierbei handelt es sich um einen berechneten Wert, da nicht von allen Anlagen (nur von 164) die entsprechenden Flächenverbrauchsdaten vorliegen. Ebenda, S. 16.

Untersuchung[36] von den befragten Behörden insgesamt 526 geplante oder in Bau befindliche Anlagen gemeldet wurden. Die dafür benötigte Grundstücksfläche beläuft sich auf 3.984 ha (für 467 Anlagen), die installierte Leistung bei 963 MW_p.[37] Dafür wurden insgesamt 284 Bebauungsplanverfahren begonnen, 108 davon sind bereits erfolgreich abgeschlossen.

Soweit bekannt, allerdings länderweise sehr unterschiedlich, sind auch künftig zu 70 % Ackerflächen, zu 13 % Konversionsflächen, zu 6 % versiegelte Flächen sowie zu 10 % sonstige Flächen[38] für die Errichtung geplanter Anlagen vorgesehen.[39]

Was dabei den Flächenbedarf der künftigen Anlagen angeht, wurde in der angeführten Untersuchung festgestellt, dass Anlagen bis zu einer Größenordnung von 4 ha und einer Leistung von weniger als 1 MW_p künftig nur noch etwa 50 % ausmachen werden, während insbesondere in Brandenburg, und zwar in erster Linie auf ehemaligen militärischen Flächen, allein 12 Anlagen in einer Größenordnung von über 20 ha geplant sind.[40] Es besteht also ein Trend zu großflächigen Anlagen.

2. Anforderungen des Erneuerbare Energien Gesetzes

Das EEG verfolgt das Ziel, den Anteil der Erneuerbaren Energien an der Gesamt-Primärenergieproduktion zu erhöhen und parallel dazu den Anteil fossiler Energieträger wie Kohle, Erdöl und Erdgas mittel- und langfristig zu reduzieren. Außerdem soll durch die damit einhergehende Verringerung von Kohlendioxid-Emissionen, ein Beitrag zum Klimaschutz geleistet und die Folgen des gegenwärtig stattfindenden Klimawandels abgemildert werden. Das EEG regelt im Wesentlichen die Abnahme, Übertragung und Vergütung von Strom aus Erneuerbaren Energien für Produzenten und Netzbetreiber sowie den finanziellen Ausgleich.

2.1 Entwicklung

Das EEG geht auf die Energiepolitik der frühen neunziger Jahre zurück, deren maßgebliche Zielsetzung auch in der Verbesserung der Marktbedingungen für regenerative Energien gesehen wurde. Der erste große Schritt bestand im Erlass des am 1. Januar 1991 in Kraft getretenen Stromeinspeisungsgesetzes[41], durch das nicht

---

[36] Ebenda, S. 22 ff.
[37] Da ein Teil der beabsichtigten Anlagen schon im Planungsstadium gescheitert ist (54 Anlagen), reduziert sich die mögliche installierte Leistung von 1.030 MW_p auf die angegebenen 963 MW_p.
[38] Darunter fallen sowohl bereits erschlossene Gewerbegebiete, Weinbergsflächen, Flugplatzgelände, Ödland u. a.
[39] ARGE Monitoring PV-Anlagen (Fn. 25), S. 28 f.
[40] Die Größte erfasst eine Fläche von 273 ha und eine Leistung von 50 MW_p.
[41] Gesetz über die Einspeisung von Strom aus Erneuerbaren Energien in das öffentliche Netz (Stromeinspeisungsgesetz – StrEG) vom 7. Dezember 1990, BGBl. I S. 2633, zul. geänd. durch Gesetz vom 24.4.1998, BGBl. I S. 730, 734.

nur eine zwingende Stromabnahme, sondern vor allem auch eine Vergütung des eingespeisten Stromes festgelegt wurde. Nach mehreren Energierechtsnovellen in den Jahren 1994 und 1998 trat schließlich, aufgrund der wachsenden Bedeutung der Erneuerbaren Energien, der in der Zwischenzeit stattgefundenen Strommarktliberalisierung und bestehender Rechtsunsicherheiten hinsichtlich der europarechtlichen Vereinbarkeit des StrEG, am 1. April 2000 nach einem nur kurzen Gesetzgebungsverfahren das EEG[42] in Kraft. Die wesentlichen Elemente des StrEG wurden in das EEG-2000 aufgenommen. Innerhalb von nur vier Jahren verdoppelte sich auf seiner Grundlage der Anteil der Erneuerbaren Energien an der Gesamtstromversorgung.[43] Zwei weitere Energierechtsnovellen führten zum sog. „Photovoltaik-Vorschaltgesetz", mit dem ein massiver Einbruch bei der Errichtung von Fotovoltaikanlagen verhindert werden sollte, der aufgrund des Auslaufens des „100.000-Dächer-Programms" befürchtet wurde. Zuletzt novelliert wurde das EEG im vergangenen Jahr mit maßgeblichen Auswirkungen auf die Vergütung von Fotovoltaikfreiflächenanlagen.[44]

2.2 Vergütung und Vergütungsanforderungen

Nach dem seit dem 1. Januar 2009 anzuwendenden EEG-2009 reduziert sich die Vergütung für Strom aus Fotovoltaikfreiflächenanlagen von 33,18 auf 31,94 Cent/kWh, während sich die Vergütung für Energie aus Wind- und Biomasseanlagen erhöht.[45] Ein Vergütungsanspruch entsteht dabei, wenn der Strom in das Netz des Netzbetreibers gelangt (vgl. § 16 Abs. 1 EEG-2009). Die Vergütungszahlungen sind auf 20 Jahre befristet. Die Höhe des Vergütungsanspruchs ist für jede einzelne Erneuerbare Energie in den §§ 18 ff. EEG-2009 unterschiedlich festgelegt und im Übrigen abhängig von der Leistung der jeweiligen Anlage sowie dem Jahr der Inbetriebnahme der Anlage. Neue Anlagen erhalten grundsätzlich eine geringere Vergütung als solche die bereits in Betrieb sind (vgl. § 20 Abs. 1 EEG-2009). Die Degression bezeichnet dabei den Prozentsatz, um den die Vergütung jährlich sinkt. Sie liegt je nach Art der Erneuerbaren Energie zwischen 1 % und 10 % und trägt in erster Linie der im Laufe der Zeit voranschreitenden Technik Rechnung. Für Fotovoltaikfreiflächenanlagen, die ab 1. Januar 2011 in Betrieb genommen werden, steigt die Degression von heute 6,5 % auf einheitliche 9 %. Für Anlagen, die ab Beginn des Jahres 2005 in Betrieb genommen werden, liegt die Degression bei 10 %.[46] Sie liegt damit zwar deutlich höher als bei anderen Erneuerbaren Energien, doch liegt auch die Vergütung für die Stromeinspeisung noch vergleichsweise hoch,

---

[42] Vom 29. März 2000, BGBl. I S. 305.
[43] Oschmann, NJW 2009, S. 263, 264.
[44] Dazu Wedemeyer, NuR 2009, S. 24, 31 f.; Schumacher, ZUR 2008, S. 121, 125. Altrock/Lehnert, ZNER 2009, S. 118.
[45] www.erneuerbare-energien.de/files/pdfs/allgemein/application/pdf/eeg_2009_verguetungen -bf.pdf. Zugriff am 31.7.2009.
[46] Hinzuweisen ist in diesem Zusammenhang noch auf § 20 Abs. 2a EEG-2009, der die Degression über Abs. 2 hinaus noch marktabhängig modifiziert. Die Bestimmung wurde erst durch den Umweltausschuss in das Gesetz aufgenommen. Vgl BT-Drs. 16/9477.

weil die zum Einsatz gebrachte Technologie noch relativ jung ist und eine Marktdynamik sich anders als etwa bei Windenergieanlagen noch nicht richtig entwickelt hat.[47]

Für die Vergütung aus Strom von Fotovoltaikanlagen sind die §§ 32 und 33 EEG-2009 maßgeblich. Darin wird grundsätzlich zwischen solarer Strahlungsenergie (vgl. EEG-2009) und solcher an oder auf Gebäuden[48] oder Lärmschutzwänden unterschieden (vgl. § 33 EEG-2009). Für alle Anlagen, außer solchen an oder auf Gebäuden oder Lärmschutzwänden, die Strom aus solarer Strahlungsenergie gewinnen, wird unabhängig von der installierten Leistung eine einheitliche Vergütung von 31,94 Cent/kWh festgelegt.[49] Dieser Grundvergütungssatz gilt allerdings nur, soweit nicht die spezifischen Bestimmungen in den Abs. 2 und 3 sowie in § 33 EEG-2009 vorgreiflich sind.

§ 32 Abs. 2 EEG-2009 enthält eine Ausnahmeregelung für solche Anlagen, die nicht auf oder an einer (anderen) baulichen Anlage angebracht sind. Bauliche Anlagen sind mit dem Erdboden verbundene, aus Bauteilen und Baustoffen hergestellte Anlagen, wie sie einerseits in der Musterbauordnung, andererseits in den einzelnen Landesbauordnungen definiert sind. Darunter fallen etwa Deponieflächen, Aufschüttungen, Abgrabungen, Stellplätze oder Lager- und Abstellplätze. Daraus ergibt sich ein, auch unter räumlichen Gesichtspunkten, interessanter Steuerungsansatz des Gesetzgebers. Er unterscheidet nämlich in Bezug auf die Festlegung der Vergütungssätze, und zwar dergestalt, dass für Fotovoltaikanlagen auf und an Gebäuden[50] höhere Vergütungssätze bestimmt werden als für solche an oder auf anderen baulichen Anlagen. Dadurch werden in zweierlei Hinsicht Folgewirkungen erzielt. Zunächst soll mit diesem finanziellen Anreiz erreicht werden, dass die Erzeugung von Strom aus solarer Strahlungsenergie in erster Linie durch die Nutzung von Dachflächen stattfindet.[51] Außerdem entfallen die mit § 32 Abs. 2 EEG-2009 verbundenen Einschränkungen, wenn die Fotovoltaikanlage auf einer baulichen Anlage angebracht worden ist, die vorrangig zu anderen Zwecken errichtet worden ist. Hier

---

[47] Hierzu genauer: Konsolidierte Fassung der Begründung zu dem Gesetz für den Vorrang Erneuerbarer Energien, S. 63. Zu finden unter: www.erneuerbare-energien.de/files/pdfs/allgemein/application/pdf/eeg_2009_begr.pdf. Zugriff am 31.7.2009.
[48] Die vormals noch geltende Differenzierung zwischen Dach- und Fassadenanlagen (vgl. § 11 Abs. 2 Satz 2 EEG-2004) wird für Anlagen, die ab 2009 in Betrieb gehen, aufgegeben, und zwar zu Gunsten einheitlicher Vergütungssätze für Anlagen auf und an Gebäuden sowie Lärmschutzwänden. Sie betragen gemäß § 33 Abs. 1 EEG-2009: bei Anlagen bis 30 kW: 43,01 Cent/kWh, Bei Anlagen von 30-100 kW: 40,91 Cent/kWh bei Anlagen von 100 kW-1 MW: 39,58 Cent/kWh, bei Anlagen mit mehr als 1 MW: 33 Cent/kWh. Dabei ist die zuletzt angeführte Vergütungsstufe bei mehr als 1 MW neu.
[49] Vgl. § 32 Abs. 1 EEG-2009. Auf der Grundlage des EEG-2004 waren es noch 33,18 Cent/kWh.
[50] Für Gebäude oder Lärmschutzwände im Sinne von § 33 EEG-2009 findet anders als nach § 33 Abs. 2 EEG-2009 auch keine Prüfung des Nutzungszwecks statt.
[51] Noch einmal verstärkt wird der Anreiz durch die Aufnahme eines Vergütungsanspruches für selbst erzeugten und genutzten Strom in § 33 Abs. 3 EEG-2009.

liegt die Zielsetzung in einer räumlichen Steuerung der Fotovoltaikfreiflächenanlagen. Denn wenn die Anlage nicht an oder auf einer baulichen Anlage angebracht ist, die vorrangig zu anderen Zwecken als der Erzeugung von Strom aus solarer Strahlungsenergie errichtet worden ist, besteht die Vergütungspflicht des Netzbetreibers nur, wenn die Anlage vor dem 1.1.2015

- im Geltungsbereich eines Bebauungsplanes im Sinne von § 30 BauGB oder
- auf einer Fläche, für die ein Verfahren nach § 38 Satz 1 BauGB durchgeführt worden ist,

errichtet worden ist (vgl. § 32 Abs. 2 EEG-2009).

Die zeitliche Befristung auf den 1.1.2015 erfolgte mit Blick auf die zu gewährleistende mögliche Amortisation der Fotovoltaikfreiflächenanlagen.[52] Aus der Anforderung, dass ein Vergütungsanspruch auch nur besteht, wenn die Anlage im Geltungsbereich eines Bebauungsplans nach § 30 BauGB oder auf einer Fläche errichtet, für die ein Verfahren im Sinne von § 38 Satz 1 BauGB durchgeführt worden ist, trägt der Gesetzgeber einerseits ökologischen Belangen, andererseits Akzeptanz- und Beteiligungsanforderungen[53] Rechnung. In diesem Sinne können ökologisch wertvolle Flächen von einer Überbauung mit Fotovoltaikfreiflächenanlagen weitgehend verschont bleiben und dadurch zur Akzeptanz dieser Anlagen auf anderen Flächen beigetragen werden.[54]

Schließlich wird weiterhin noch einmal für den Fall, dass die Fotovoltaikfreiflächenanlage im Gebiet eines Bebauungsplans errichtet worden ist, im Hinblick auf das Inkrafttreten des Bebauungsplans differenziert (vgl. § 32 Abs. 3 EEG-2009):

- Soweit dieser vor dem 1.9.2003 in Kraft trat, besteht ein genereller Vergütungsanspruch.
- Anders für Bebauungspläne, die nach diesem Zeitpunkt in Kraft traten. Dann besteht die Vergütungspflicht des Netzbetreibers nur, wenn sich die Anlage

---

[52] Konsolidierte Fassung der Begründung zu dem Gesetz für den Vorrang Erneuerbarer Energien, S. 64. Zu finden unter: www.erneuerbare-energien.de/files/pdfs/allgemein/application/pdf/eeg_2009_begr.pdf. Zugriff am 31.7.2009.
[53] Behörden- und Bürgerbeteiligung an Planungsverfahren.
[54] Konsolidierte Fassung der Begründung zu dem Gesetz für den Vorrang Erneuerbarer Energien, S. 6. Zu finden unter: www.erneuerbare-energien.de/files/4pdfs/allgemein/application/pdf/eeg_2009_begr.pdf. Zugriff am 31.7.2009.

- auf Flächen befindet, die zum Zeitpunkt des Beschlusses über die Aufstellung oder Änderung des Bebauungsplans bereits versiegelt waren[55],

- auf Konversionsflächen[56] aus wirtschaftlicher[57] oder militärischer Nutzung befindet oder

- auf Grünflächen befindet, die zur Errichtung dieser Anlage im Bebauungsplan ausgewiesen sind und zum Zeitpunkt des Beschlusses über die Aufstellung oder Änderung des Bebauungsplans in den drei vorangegangenen Jahren als Ackerland genutzt wurde.

Anders als für Bebauungspläne, die vor dem 1.9.2003 in Kraft getreten und mit einem generellen Vergütungsanspruch versehen sind, wird dieser bei Bebauungsplänen, die nach dem 1.9.2003 in Kraft getreten sind, mit Einschränkungen behaftet. Hier besteht ein Vergütungsanspruch nur für Strom aus Anlagen, die auf spezifischen, in § 33 Abs. 3 EEG-2009 angeführten, Flächen errichtet worden sind. Diese müssen entweder bereits versiegelt, Konversionsflächen oder Grünflächen[58] mit vorangegangener tatsächlicher[59] Ackerlandnutzung sein.[60] Mit der erforderlichen Umwandlung von Ackerland in Grünland werden Eingriffe in den Naturhaushalt, insbesondere in den Boden und seine Wasserdurchlässigkeit weitgehend ausgeschlossen. Neben der Aufständerung der Solarmodule besteht insbesondere noch die Möglichkeit, die Flächen mit einer Weidenutzung zu belegen.

Schon allein um in den Genuss der Einspeisungsvergütungen zu kommen, wird sich in der Planungspraxis regelmäßig die Notwendigkeit zur Aufstellung eines Bebauungsplans (auch vorhabenbezogenen Bebauungsplans) zur Errichtung von Fotovoltaikfreiflächenanlagen ergeben.[61] Erst dann entsteht die Vergütungspflicht des Netzbetreibers. Mit der Verknüpfung von Einspeisevergütung und Bebauungsplan kommt nicht nur ein Standortsteuerungsansatz zustande, durch den es möglich

---

[55] Z. B. Stellplätze, Lager- und Aufstellplätze, Deponien oder Aufschüttungen.
[56] Z. B. Truppenübungsplätze, Tagebaugebiete oder Munitionsdepots.
[57] Nicht zur wirtschaftlichen Nutzung rechnet die landwirtschaftliche Nutzung.
[58] Hier sind nicht Grünflächen im bauplanungsrechtlichen Sinne gemeint (vgl. § 5 Abs. 1 Nr. 5 und § 9 Abs. 1 Nr. 15 BauGB), sondern Flächen, die einen Unterfall zu landwirtschaftlichen Flächen bilden und als Grün- oder Weideflächen genutzt werden können.
[59] Dies ist dann der Fall, wenn in den letzten drei Jahren aktiv Feldbau zur Gewinnung von Feldfrüchten betrieben wurde. Durch die Umwandlung in Grünfläche wird die Bodenerosion vermindert und die Aufnahmefähigkeit für Niederschlagswasser verbessert. Vgl. Konsolidierte Fassung der Begründung zu dem Gesetz für den Vorrang Erneuerbarer Energien, S. 65. Zu finden unter: www.erneuerbare-energien.de/files/pdfs/allgemein/application/pdf/eeg_2009_begr.pdf. Zugriff am 31.7.2009.
[60] Im Einzelnen dazu: Konsolidierte Fassung der Begründung zu dem Gesetz für den Vorrang Erneuerbarer Energien, S. 64 f zu finden unter: www.erneuerbare-energien.de/files/pdfs/allgemein/application/pdf/eeg_2009_begr.pdf. Zugriff am 31.7.2009.
[61] Dabei muss die Errichtung von Anlagen zur Erzeugung von Strom aus solarer Strahlungsenergie nicht ausschließlicher Zweck der Aufstellung oder Änderung des Bebauungsplans und der Flächennutzung sein.

gemacht wird, ökologische Zielsetzungen im Zusammenhang mit flächenintensiven Fotovoltaikfreiflächenanlagen zu berücksichtigen und damit einen wirksamen Beitrag zum Schutz von Natur und Landschaft zu leisten[62], sondern es wird gleichzeitig auch den Anforderungen an rechtsstaatliche Planungen, insbesondere durch die Beteiligungsregelungen Rechnung getragen.[63] Für die Aufstellung oder Änderung von Bebauungsplänen ist die Gemeinde zuständig. Sie bestimmt damit auch, auf welchen Flächen im Gemeindegebiet Fotovoltaikfreiflächenanlagen errichtet werden sollen. Insoweit muss sie sich nicht nur ausführlich mit den Standortanforderungen von Fotovoltaikfreiflächenanlagen auseinandersetzen, sondern auch mit den durch sie zu erwartenden Umweltauswirkungen.

IV. Standortanforderungen und Umweltauswirkungen von Fotovoltaikfreiflächenanlagen

Fotovoltaikfreiflächenanlagen haben wie alle anderen raumbedeutsamen Anlagen, mit denen Erneuerbare Energie erzeugt werden kann, anlagenbezogene Standortanforderungen.[64] Aus raumplanerischer Sicht kommt der Standortwahl, auch aufgrund der damit getroffenen Entscheidung über die Berücksichtigung von mit der Anlage verbundenen Umweltauswirkungen, maßgebliche Bedeutung zu. Sie werden insoweit einer isolierten Betrachtung zugänglich gemacht.[65] Vor diesem Hintergrund haben einzelne mit dem Bau oder dem Betrieb der Anlage zusammenhängende Belange nur nachrangige Bedeutung

1. Standortfaktoren

Für die Errichtung und den Betrieb von räumlich bedeutsamen Fotovoltaikfreiflächenanlagen spielen verschiedene Standortfaktoren eine wichtige Rolle. Anzuführen sind in dieser Hinsicht vor allem:

- Flächenverfügbarkeit
  Die Realisierungsfähigkeit von Fotovoltaikfreiflächenanlagen mit größerem Flächenumgriff steht in unmittelbarer Abhängigkeit von der Verfügbarkeit über die erforderlichen Grundstücksflächen. Je größer der für die Errichtung der Anlagen notwendige Flächenumfang ist, desto wichtiger ist es, dass es sich nicht nur um im räumli-

---

[62] Zu den Planinhalten, vgl. unten VI. 4.
[63] Dadurch können Probleme, wie sie im Zusammenhang mit der Verwirklichung von Windenergieanlagen entstanden sind, weitgehend vermieden werden.
[64] Dazu nachfolgend unter IV. 1.
[65] Dazu nachfolgend unter IV. 2.

chen Zusammenhang stehende Flächen handelt, sondern dass diese Flächen auch im Eigentum nur eines Eigentümers stehen.

- Verschattung

  Die Leistungsfähigkeit der Fotovoltaikfreiflächenanlage hängt von vielfältigen Faktoren ab.[66] Grundsätzliche Bedeutung kommt neben dem Wirkungsgrad der Anlage und den damit im Zusammenhang stehenden in erster Linie technischen Aspekten, vor allem der unbeeinträchtigten Einstrahlung von Sonnenlicht zu. Deshalb sind möglichst verschattungsfreie oder nur mit einer geringen Verschattung belastete Standorte für die Errichtung von Fotovoltaikfreiflächenanlagen zu wählen.

- Topografie

  Ein weiterer wichtiger Standortfaktor besteht in den topografischen Geländeverhältnissen. Ebenes bzw. leicht geneigtes Gelände gewährleistet die für die Aufstellung und den optimalen Betrieb der Anlagen erforderlichen topografischen Rahmenbedingungen.

- Statik

  Auch die Stabilität der aufgeständerten Fotovoltaikanlagen muss gesichert sein. Dies gilt insbesondere für die Verankerung der Anlagen im Erdreich sowie die Unterkonstruktion einschließlich der Modulhalterung.

- Entfernung zum Einspeisepunkt und Netzkapazität

  Für die Wirtschaftlichkeit der Anlage ist freilich einerseits die Entfernung zur nächstgelegenen Einspeisemöglichkeit von maßgeblicher Bedeutung. Andererseits spielt aber auch die Aufnahmekapazität des Versorgungsnetzes eine wichtige Rolle, denn die von der Fotovoltaikfreiflächenanlage erbrachte Leistung muss am Einspeisepunkt auch kapazitär vom jeweiligen Versorgungsnetz, in das eingespeist wird, aufgenommen werden können.

- Verfügbares Sonnenpotenzial

  Ein erster und grundlegender Standortfaktor der erfüllt werden muss, besteht in dem am Ort der Errichtung der Fotovoltaikfreiflächenanlage verfügbaren Sonnenpotenzial. Je weniger tages- und jahreszeitliche Schwankungen zudem bestehen, desto gleichbleibender ist die erzeugte Grundlast.

Zu ergänzen ist der vorangehend aufgelistete Katalog an Standortfaktoren um die Anforderungen des Umweltschutzes. Da die Errichtung sowie der Betrieb von Fotovoltaikfreiflächenanlagen mit erheblichen Umweltauswirkungen verbunden sein

---

[66] Siehe hierzu schon oben III. 1.

kann, stellen Art und Umfang dieser Auswirkungen aus raumplanerischer Sicht wichtige Standorteigenschaften dar, die von Seiten der Anlagenbetreiber oftmals in ihrer Bedeutung verkannt werden und deren Anforderungen im Laufe von Genehmigungsverfahren zu erheblichen Verzögerungen führen können. Sie werden im Nachfolgenden näher betrachtet.

2. Spezifischer Standortfaktor: Umweltauswirkungen

Nach dem oben Dargelegten erhöht sich die Flächenbeanspruchung künftig im Rahmen der Errichtung und des Betriebs von Fotovoltaikfreiflächenanlagen.[67] Flächenumfänge von über 100 ha[68] sind heute keine Seltenheit mehr. Bei derlei räumlichen Dimensionen bleiben Auswirkungen auf die Umwelt nicht aus.

Dabei bedarf es zunächst des Hinweises auf die bestehende gesetzliche Regelung in § 33 Abs. 1 EEG. Auch ihre noch näher zu betrachtenden einschränkenden Voraussetzungen leisten einen wichtigen Beitrag zur Standortfrage von Fotovoltaikfreiflächenanlagen, denn sie machen die Einspeisevergütung von bestimmten, die Umweltauswirkungen von solchen Anlagen berücksichtigenden, Standortanforderungen abhängig. Darauf wird noch genauer zurückzukommen sein.

Und weiterhin ist in Bezug auf die Berücksichtigung von Umweltauswirkungen darauf hinzuweisen, dass angesichts der dargestellten möglichen Umweltauswirkungen zunächst zwischen dem Naturschutzbund (NABU) und der Unternehmervereinigung Solarwirtschaft (UVS) bereits im Jahr 2005 eine Vereinbarung[69] unter der Überschrift „Kriterien für naturverträgliche Fotovoltaikfreiflächenanlagen" geschlossen wurde. Danach sollen für Standortentscheidungen sog. „qualitative Mindeststandards" herangezogen und entscheidungsleitend verwendet werden. Die angesprochene Vereinbarung enthält vier Schwerpunkte:

- Zur Standortwahl:
    - Ausschluss von Eingriffen in Schutzgebiete (nur bei geringerem Schutzstatus ausnahmsweise möglich)
    - Anwendung von Eingriffs- und Verträglichkeitsprüfung
    - Bevorzugung von vorbelasteten und/oder wenig bedeutsamen naturschutzfachlichen Flächen
    - kein landschaftsprägender Charakter
- Zur Ausgestaltung der Anlage:

---

[67] Siehe oben III. 1.
[68] Z. B. Waldpolenz in Sachsen mit 110 ha.
[69] Zu finden unter: www.nabu.de/imperia/md/content/nabude/energie/solarenergie/1.pdf. Zugriff am 27.7.2009

- Gesamtversiegelungsgrad nicht höher als 5 %
- Extensiver Bewuchs und Pflege unter den Modulen
- Überdeckter Anteil der Horizontalen nicht über 50 %
- Maximale Tiefe der Modulreihen nicht mehr als 5m
- Anlegung eines Feuchtbiotops im Einzelfall
- Vermeidung von Barrierewirkungen von Einzäunungen durch Errichtung eines Grünstreifens mit naturnahen Hecken
- keine Herstellung von Freileitungen zur Ableitung des Stroms
• Zum Betrieb der Anlage:
- Pflege der Fläche durch Schafbeweidung oder Mahd
- Verzicht von Düngemittel und Chemikalien
- Durchführung eines Monitorings zur Entwicklung des Naturhaushalts
- Gewährleistung des Rückbaus der Anlage
• Zur Öffentlichkeitsbeteiligung:
- frühzeitige Einbeziehung und Information der örtlichen Naturschutzverbände
- frühzeitige Einbeziehung und Information der Öffentlichkeit

Die getroffene Vereinbarung zwischen dem Naturschutzbund und der Solarwirtschaft ergänzt bzw. konkretisiert die Anforderungen an den Standort für Fotovoltaikfreiflächenanlagen[70] sowie ihren Betrieb, und zwar in Bezug auf die Belange von Natur und Landschaft allgemein, insbesondere des Landschaftsbilds und des Naturhaushalts. Die auf freiwilliger Basis entstandene Vereinbarung soll außerdem dazu beitragen, Konflikten zwischen den Vertragspartnern vorzubeugen.

Für die Frage, welche Umweltauswirkungen bei Fotovoltaikfreiflächenanlagen zu erwarten sind, ist grundsätzlich zwischen solchen, die sich aus dem Bau und solchen, die sich aus dem Betrieb der Anlagen ergeben, zu unterscheiden. Vor dem Hintergrund einer schutzgutbezogenen Betrachtung zeigt sich folgendes Bild[71]:

Schutzgut Luft/Klima:

• Baubedingte Auswirkungen
- Kleinklimatische Veränderungen aufgrund von Verschattungswirkung und veränderter Abstrahlung der Module

---

[70] Vgl. oben IV. 1.
[71] Ausführlich: Jessel/Kuler (Fn. 24), S. 225 ff.

- Anlagebedingte Auswirkungen
  - Lärmemissionen durch Baumaschinen, Staubemissionen

Schutzgut Fauna:

- Baubedingte Auswirkungen
  - Lärmemissionen, Licht, Beeinträchtigung und Verlust von Tierarten
- Anlagebedingte Auswirkungen
  - Lichtreflexionen, Verlust von Offenland, Zerschneidung von Lebensräumen, Beeinträchtigung von nachtaktiven Tieren

Schutzgut Flora:

- Baubedingte Auswirkungen
  - Beeinträchtigung und Verlust von Vegetation
- Anlagebedingte Auswirkungen
  - Versiegelung, Veränderung der Vegetation, Verschattung

Schutzgut Grundwasser:

- Bau- und anlagebedingte Auswirkungen
  - Veränderung der Wasserdurchlässigkeit

Schutzgut Boden:

- Baubedingte Auswirkungen
  - Bodenversiegelung und -verdichtung
- Anlagebedingte Auswirkungen
  - Beeinträchtigungen des Bodenhaushalts, Bodenversiegelungen

Schutzgut Landschaftsbild

- Anlagebedingte Auswirkungen
  - Optische Zerschneidungen oder Barrierewirkungen, Technische Überprägung

Schutzgut Mensch:

- Baubedingte Auswirkungen
  - Lärmemissionen

- Anlagebedingte Auswirkungen
  - Wohnqualitätsbeeinträchtigungen, Erholungsbeeinträchtigungen

Inwieweit die vorangehend aufgeführten Umweltauswirkungen tatsächlich auftreten und welche Quantität und Qualität ihnen letztlich beizumessen ist, ist schließlich Gegenstand von konkreten Ermittlungen und Bewertungen anhand des Einzelfalls. Mittlerweile wurde ein „Leitfaden zur Berücksichtigung von Umweltbelangen bei der Planung von PV-Freiflächenanlagen"[72] erarbeitet, dem zahlreiche Hinweise zur Ermittlung und Bewertung von Umweltbelangen entnommen werden können. Trotzdem kommt es in der Planungspraxis nicht selten zu sehr unterschiedlichen Einschätzungen zwischen den Anlagenbetreibern und den Vertretern von Umweltbelangen.

V. Zulassung von Fotovoltaikfreiflächenanlagen

1. Innenbereich

Die Bestimmung über den unbeplanten Innenbereich hat für die Zulassung von Fotovoltaikfreiflächenanlagen, außer bei den vorliegend nicht näher betrachteten Hausanlagen, eigentlich keine Relevanz. Nach § 34 Abs. 1 BauGB ist innerhalb der im Zusammenhang bebauten Ortsteile ein Vorhaben zulässig, wenn es sich nach Art und Maß der baulichen Nutzung, der Bauweise und der Grundstücksfläche, die überbaut werden soll, in die Eigenart der näheren Umgebung einfügt und die Erschließung gesichert ist. Der hier geforderte Bebauungszusammenhang, an dem auch das Grundstück für das beabsichtigte Vorhaben teilhaben muss, stellt auf das Vorhandensein von Baulücken ab. Fotovoltaikfreiflächenanlagen kommen aufgrund des mit ihnen verbundenen Flächenanspruchs nicht für eine Baulückenschließung in Frage.[73]

2. Außenbereich

Anders als im Innenbereich ist die Errichtung von Fotovoltaikfreiflächenanlagen im bauplanungsrechtlichen Außenbereich, aufgrund der mit ihnen einhergehenden räumlichen Anforderungen eher in Betracht zu ziehen. Die zulässigkeitsregelnde Bestimmung des § 35 BauGB unterscheidet insoweit zwischen privilegierten

---

[72] Zu finden unter: www.bmu.de/files/pdfs/allgemein/application/pdf/pv_leitfaden.pdf.
[73] So auch: Schäfer, Anforderungen an die planerische Steuerung von Photovoltaik- und Biogasanlagen, in: Mitschang (Hrsg.), Stadt- und Regionalplanung vor neuen Herausforderungen, Peter Lang Verlag, Frankfurt, 2007, S. 103, 108.

(Abs. 1) und sonstigen Vorhaben (Abs. 2) und stellt diesbezüglich unterschiedliche Anforderungen an die Zulässigkeit von Vorhaben.

2.1 Fotovoltaikfreiflächenanlagen als privilegierte Vorhaben?

Die privilegierten Vorhaben sind in § 35 Abs. 1 Nr. 1 bis 6 BauGB aufgelistet. Für Fotovoltaikfreiflächenanlagen kommt eine solche Privilegierung in zwei Fällen in Frage. Derlei Vorhaben könnten nach Nr. 3 oder Nr. 4 genehmigungsfähig sein.

2.1.1 Versorgungseinrichtung, ortsgebundener Betrieb

Nach § 35 Abs. 1 Nr. 3 BauGB ist ein Vorhaben im Außenbereich nur zulässig, wenn öffentliche Belange nicht entgegenstehen, die ausreichende Erschließung gesichert ist und wenn es „der öffentlichen Versorgung mit Elektrizität, Gas, Telekommunikationsdienstleistungen, Wärme und Wasser, der Abwasserwirtschaft oder einem ortsgebundenen Betrieb dient". Demnach ist zwischen den

1. der öffentlichen Versorgung mit Elektrizität, Gas, Telekommunikationsdienstleistungen, Wärme und Wasser sowie der Abwasserwirtschaft dienenden Vorhaben sowie

2. ortsgebundenen gewerblichen Betrieben dienende Vorhaben

zu differenzieren.

Diese Vorhaben hat der Gesetzgeber im Außenbereich privilegiert. Gleichwohl hängt ihre Zulässigkeit noch von drei weiteren Voraussetzungen ab:

- Öffentliche Belange dürfen ihnen nicht entgegenstehen.
- Die ausreichende Erschließung muss gesichert sein.
- Eine Ausweisung an anderer Stelle durch Darstellungen im Flächennutzungsplan oder Festlegungen im Raumordnungsplan darf nicht erfolgt sein.

a. Öffentliche Ver- und Entsorgungseinrichtungen

Ver- und Entsorgungseinrichtungen im Sinne von § 35 Abs. 1 Nr. 3 BauGB sind von ihrem Zweck her privilegiert. Es sind allerdings nicht alle[74] Ver- und Entsorgungseinrichtungen privilegiert, sondern nur diejenigen, die in der Vorschrift aufgelistet sind.[75] Ausschlaggebend sind insoweit in erster Linie technische Gesichtspunkte, die eine Privilegierung dieser Anlagen im Außenbereich erfordern.[76] Die

---

[74] Z. B. werden Abfallbeseitigungsanlagen von der Vorschrift nicht erfasst.
[75] Z. B. Umspannwerke, Hochspannungsmasten oder Überlandleitungen.
[76] Krautzberger, in: Battis/Krautzberger/Löhr, BauGB, 11. Aufl., München, § 35 Rn. 28.

Ver- und Entsorgungseinrichtungen müssen allerdings der öffentlichen Versorgung, also der Allgemeinheit dienen. Es kommt daher nach der Rechtsprechung des Bundesverwaltungsgerichts[77] weder auf die Rechtsform noch auf die Eigentumsverhältnisse an.[78]

Zusätzlich zu den in Nr. 3 näher bezeichneten Funktionen, denen die Vorhaben dienen müssen, verlangt die Rechtsprechung[79], dass für diese Vorhaben eine Privilegierung nur dann gegeben ist, wenn sie zu dem vorgesehenen Standort eine der Ortsgebundenheit gewerblicher Betriebe vergleichbare Beziehung haben.[80] Wenngleich diese Voraussetzung der Vorschrift so nicht entnommen werden kann, begründet das Bundesverwaltungsgericht seine Auffassung damit, dass der Gesetzgeber die Privilegierung von Vorhaben nach Nr. 3 nicht als selbstverständlich vorausgesetzt hat, weil sie nicht typischerweise nach der erkennbaren Gesetzeskonzeption zum Erscheinungsbild des Außenbereichs gehören. Schließlich entspricht dies auch den allgemeinen Zielen des § 35 BauGB, den Außenbereich zu schonen und vor einer Inanspruchnahme durch bauliche Anlagen zu schützen, wenn dies nicht zur Verwirklichung dringend geboten ist.[81] Im Hinblick darauf sind die an ortsgebundene Betriebe zu stellenden Anforderungen in Bezug auf das Merkmal der „Ortsgebundenheit" auch an öffentliche Ver- und Entsorgungseinrichtungen zu richten.[82]

b. Ortsgebundene gewerbliche Betriebe

Für eine Privilegierung sind hiernach wiederum zwei Voraussetzungen zu erfüllen. So muss zunächst ein „Betrieb"[83] vorhanden und außerdem auch das Merkmal der „Ortsgebundenheit" erfüllt sein. Nach der Rechtsprechung[84] handelt es sich um einen ortsgebundenen Betrieb, wenn das betreffende Gewerbe nach seinem Wesen und nach seinem Gegenstand und nicht etwa nur aus Gründen der Rentabilität auf

---

[77] BVerwG, Urteil vom 16.6.1994 – 4 C 20.93 -, BVerwGE 96, 95, 100 ff.
[78] Die öffentliche Versorgung kann also auch von einer Privatperson oder von einer Privatgesellschaft gewährleistet werden, soweit sie jedenfalls der Allgemeinheit dient.
[79] BVerwG (Fn. 77), S. 95.
[80] Dieses ungeschriebene Tatbestandsmerkmal bejahend: Roeser, in: Berliner Kommentar zum BauGB, Loseblattsammlung Stand: Januar 2009, Köln, § 35 Rn. 34; Söfker, in: Ernst/Zinkahn/Bielenberg/Krautzberger, BauGB, Loseblattsammlung Stand: Januar 2009, § 35 Rn. 52. Verneinend, vgl. etwa: Stich, WiVerw 1979, S. 128; Dolde, NJW 1983, S. 792. Mit der spezifischen Privilegierung von Anlagen der Wind- und Wasserenergie, von Biomasseanlagen sowie von kerntechnischen Anlagen spielt diese Differenzierung aber zunehmend keine maßgebliche Rolle mehr.
[81] So BVerwG, Urteil vom 21.1.1977 – 4 C 28.75 -, DVBl. 1977, S. 526 ff.; (Fn.77), S. 95.
[82] Roeser (Fn. 80), § 35 Rn. 34 sowie Söfker (Fn. 80), § 35 Rn. 52.
[83] Das Vorhaben muss nachhaltig und ernsthaft betrieben werden, damit die Betriebseigenschaft erfüllt ist. Vgl. hierzu auch die Anforderungen, die gemäß § 35 Abs. 1 Nr. 1 BauGB in Bezug auf den land- und forstwirtschaftlichen „Betrieb" zu stellen sind. Ausführlich: Krautzberger (Fn. 76), § 35 Rn. 13 ff.; Roeser (Fn. 80), § 35 Rn. 36.
[84] BVerwG, 5.7.1974 – 4 C 76.71 -, NJW 1975, S. 550 ff. sowie (Fn. 77), S. 95, 103.

die geografische oder geologische Eigenart[85] der fraglichen Stelle angewiesen ist. Die Privilegierung des Vorhabens ergibt sich also aus dem Kriterium der Ortsgebundenheit. Ökonomische oder ökologische Vorteile reichen mithin nicht aus.[86] Deshalb ist es hierfür unmaßgeblich, ob etwa die Erreichbarkeit eines Vorhabens in Bezug auf An- und Abfahrten besonders gut ist, seine besondere Lage zu potenziellen Absatzmärkten auf gute Umsätze hoffen lässt oder bestimmte Aussichten auf eine besonders positive Unternehmensentwicklung bestehen. Erforderlich ist vielmehr eine spezifische Standortbeziehung[87], die dann nicht gegeben ist, wenn der Standort im Vergleich mit anderen zwar Vorteile bietet, das Vorhaben aber damit nicht steht oder fällt, ob es hier und so und nirgendwo anders ausgeführt werden kann.

c. „Dienende Funktion"

Schließlich muss das Vorhaben auch noch der öffentlichen Ver- und Entsorgungseinrichtung dienen. Voraussetzung ist daher, dass es in einem räumlich-funktionalen Zusammenhang mit dem Betrieb steht und insoweit seiner objektiven und gewollten Zweckbestimmung nach Art und Umfang zugedacht und von ihm geprägt sein muss. Nach der Rechtsprechung wird in Bezug auf die dienende Funktion des Vorhabens darauf abgestellt, dass „es dem Betrieb zu- und untergeordnet ist und darüber hinaus angenommen werden kann, dass ein vernünftiger Unternehmer – auch und gerade unter Berücksichtigung größtmöglicher Schonung des Außenbereichs – das Vorhaben mit etwa gleichem Verwendungszweck und mit etwa gleicher Gestaltung und Ausstattung für einen entsprechenden Betrieb errichten würde"[88]. Die dienende Funktion des Vorhabens ist danach dann erfüllt, wenn es dem typischen Erscheinungsbild eines Betriebs dieser Art entspricht und von dem Betrieb geprägt wird.[89]

d. Anwendung auf Fotovoltaikfreiflächenanlagen

Bei der Anwendung der vorgenannten Maßstäbe auf die Zulassungsfähigkeit von Fotovoltaikfreiflächenanlagen nach § 35 Abs. 1 Nr. 3 BauGB stellt sich der Privilegierungstatbestand nicht als eindeutig dar.[90] Wenngleich der in diesen Anlagen erzeugte Strom zur öffentlichen Versorgung herangezogen werden kann, so scheitert der Privilegierungstatbestand dennoch am Merkmal der „Ortsgebundenheit", das nach der Rechtsprechung[91] auch für die öffentlichen Versorgungseinrichtungen heranzuziehen ist. Es reicht zur Erfüllung dieser Voraussetzung gerade nicht aus,

---

[85] Z. B. beim oberflächennahen Rohstoffabbau.
[86] In diesem Sinne auch: BVerwG, Beschluss vom 18.12.1995 – 4 B 260.95 -, ZfBR 1996, S. 168 ff.
[87] BVerwG (Fn. 77), S. 95, 101.
[88] BVerwG, Urteil vom 7.5.1976 – 4 C 43.73 -, BVerwGE 50, 346.
[89] Zur Problematik der „mitgezogenen Anlage" vgl. unten VI. 1.
[90] Zu Recht: Schäfer (Fn. 73), S. 103, 107.
[91] Hierzu genauer oben V. 2.1.1.a.

dass etwa unter dem Gesichtspunkt der Sonnenscheindauer sich ein Standort als besonders günstig herausstellt. Vielmehr muss das Vorhaben auf eine bestimmte Stelle im Außenbereich geografisch und geologisch angewiesen sein, was bei Fotovoltaikfreiflächenanlagen geradewegs nicht der Fall ist.[92] Im Übrigen können auch in Bezug auf die „dienende Funktion"[93] einer Fotovoltaikfreiflächenanlage Zweifel angebracht werden, dass insoweit dem typischen Erscheinungsbild eines bestimmten Betriebs entsprochen werden und zudem eine betriebliche Prägung gegeben sein muss.

2.1.2 Vorhaben, die im Außenbereich ausgeführt werden sollen

Nach § 35 Abs. 1 Nr. 4 BauGB ist ein Vorhaben im Außenbereich nur zulässig, wenn öffentliche Belange nicht entgegenstehen, die ausreichende Erschließung gesichert ist und wenn es, „wegen seiner besonderen Anforderungen an die Umgebung, wegen seiner nachteiligen Wirkung auf die Umgebung oder wegen seiner besonderen Zweckbestimmung nur im Außenbereich ausgeführt werden soll".[94] Bei dieser Bestimmung handelt es sich um eine Art Auffangtatbestand für solche privilegierten Vorhaben, die nach den Nrn. 1 bis 3 und 5 bis 7 nicht von einer spezifischen Privilegierung erfasst werden.[95] Um die Freihaltung des Außenbereichs von baulichen Anlagen zu gewährleisten, die nicht in den Außenbereich gehören, muss die Bestimmung eng ausgelegt werden.[96] Die von Nr. 4 erfassten Vorhaben sind auf einen bestimmten Standort im Außenbereich angewiesen, um den mit ihnen verfolgten Zweck zu erfüllen. Entscheidender Maßstab für die Zulässigkeit ist, dass das Vorhaben „nur im Außenbereich ausgeführt werden soll"[97] und infolgedessen ist ein entsprechendes Erfordernis für das Vorhaben vorhanden.[98] Dies hängt nach der Rechtsprechung[99] davon ab, ob das Vorhaben nicht auch im beplanten oder unbeplanten Innenbereich ausgeführt werden kann, und zwar nicht im Allgemeinen, sondern nach der Beschaffenheit des Innenbereichs in der betreffenden Gemeinde im Einzelnen. Dies bedarf der Klärung einer anderweitigen Genehmigungsmöglichkeit des Vorhabens, einerseits im Rahmen der §§ 30 Abs. 1 und 34 Abs. 1 und 2 BauGB bzw. inwieweit diese andererseits nicht durch die Aufstellung eines Bebauungsplanes geschaffen werden kann oder vor dem Hintergrund eines gegebenen Planungserfordernisses geschaffen werden soll, und zwar nicht abstrakt,

---

[92] Im Ergebnis ebenso: Berkemann, in: Berkemann/Halama/Schmidt-Eichstaedt/Bunzel/Schrödter, BauGB 2004 – Nachgefragt, Bonn, 2006, S. 285; Schäfer (Fn. 73), S. 103, 107.
[93] Vgl. auch hierzu oben V. 2.1.1.c.
[94] Roeser (Fn. 80), § 35 Rn. 37 spricht insoweit von „gesollten" Vorhaben.
[95] Söfker (Fn. 80), § 35 Rn. 55; Roeser (Fn. 80), § 35 Rn. 37.
[96] Dies wird auch in der einschlägigen Rechtsprechung immer wieder hervorgehoben: BVerwG, 3.11.1972 – 4 C 9.70 -, BVerwGE 41, 138, 141; (Fn. 88), S. 346; (Fn. 77), S. 95, 99.
[97] BVerwG, Urteil vom 29.4.1964 – 1 C 30.62 -, BVerwGE 18, 247, 248; Urteil vom 14.3.1975 – 4 C 41.73 –, BVerwGE 48, 109, 111 ff.; Urteil vom 28.4.1978 – 4 C 53.76 -, DVBl. 1979, S. 622 ff.
[98] BVerwG, Urteil vom 14.5.1969 – 4 C 19.68 -, BVerwGE 34, 1, 2 f.
[99] Aus neuerer Zeit: Urteil vom 2.3.2005 – 7 B 16.05 -, NuR 2005, S. 729 ff.

sondern angesichts der konkreten örtlichen Verhältnisse in der Gemeinde.[100] Hinzu kommt, dass das Vorhaben im Außenbereich ausgeführt werden soll und deshalb auf den jeweiligen singulären Charakter des Vorhabens abgestellt werden muss.[101] Dies schließt für die Privilegierung zwar individuelle Interessen nicht grundsätzlich aus, doch muss die Realisierung des Vorhabens zugleich auch im überwiegenden allgemeinen Interesse liegen.[102]

Neben den vorangehend dargestellten Anforderungen enthält § 35 Abs. 1 Nr. 4 BauGB selbst weitere eingrenzende Konkretisierungen, denen Rechnung im Rahmen einer Privilegierung von Vorhaben getragen werden muss. So wird gefordert, dass das Vorhaben wegen seiner

- besonderen Anforderungen an die Umgebung,
- nachteiligen Wirkungen auf die Umgebung oder
- seiner besonderen Zweckbestimmung

nur im Außenbereich ausgeführt werden soll. Vorhaben die diese Anforderungen erfüllen hat der Gesetzgeber im Außenbereich privilegiert. Im Übrigen gelten auch hier die Voraussetzungen, dass

- öffentliche Belange nicht entgegenstehen dürfen,
- die ausreichende Erschließung gesichert sein muss und
- eine Ausweisung an anderer Stelle durch Darstellungen im Flächennutzungsplan oder Festlegungen im Raumordnungsplan nicht erfolgt sein darf.

a. Besondere Anforderungen an die Umgebung

Ein Vorhaben hat besondere Anforderungen an die Umgebung, wenn es seine Funktion nur unter Bezugnahme auf bestimmte Eigenschaften erfüllen kann, die ihm einerseits durch die Umgebung zur Verfügung gestellt werden, andererseits im beplanten oder bebauten Innenbereich aber gerade nicht gegeben sind. Maßgeblich ist insoweit das Vorhaben, das zu den Eigenschaften der Umgebung in einer bestimmten Beziehung steht.[103] Bspw. handelt es sich bei solchen Vorhaben um Aussichtstürme, Freilichtbühnen oder Sternwarten.

---

[100] Ebenda.
[101] BVerwG (Fn. 77), S. 95, 107; (Fn. 99), S. 729 ff.
[102] BVerwG, Urteil vom 4.11.1977 – 4 C 30.75 -, BauR 1978, S. 118 ff.
[103] Söfker (Fn. 80), § 35 Rn. 56.

b. Nachteilige Wirkung auf die Umgebung

Vorhaben mit nachteiligen Auswirkungen auf die Umgebung sollen ebenfalls im Außenbereich verwirklicht werden. Dies ist bei solchen Vorhaben der Fall, die mit erheblichen Emissionen verbunden sind (z. B. Tierhaltungsbetriebe, Vergärungsanlagen) oder von denen Gefahren[104] ausgehen (z. B. Sprengstofffabriken) und die gerade aufgrund dieser nachteiligen Wirkungen nicht im beplanten und bebauten Innenbereich realisiert werden sollen.[105] Dabei ist allerdings zu berücksichtigen, dass die von solchen privilegierungsfähigen Anlagen ausgehenden nachteiligen Wirkungen auf die Umgebung auf das reduziert werden, was nicht vermeidbar ist. Eine derartige Bedürfnisprüfung ist deshalb von Bedeutung, weil durch sie einer Inanspruchnahme des Außenbereichs über das Erforderliche hinaus Schranken gesetzt werden.

c. Besondere Zweckbestimmung

Aufgrund ihrer besonderen Zweckbestimmung können Vorhaben nur im Außenbereich ausgeführt werden, wenn sich aus ihrer Funktion heraus das Erfordernis zu ihrer Errichtung im Außenbereich ergibt oder anders gewendet, der Zweck des Vorhabens also auf die Funktion des Außenbereichs als Erholungslandschaft für die Allgemeinheit abstellt.[106] Angeführt werden kann hierfür bspw. die Errichtung von Berg- oder Skihütten sowie von Jagdhütten.

d. Anwendung auf Fotovoltaikfreiflächenanlagen

Im Ergebnis ergibt sich aus dem Dargelegten, dass eine Privilegierung von Fotovoltaikfreiflächenanlagen im Außenbereich auch auf § 35 Abs. 1 Nr. 4 BauGB nicht gestützt werden kann.[107] Maßgeblich ist insoweit nicht nur, dass Fotovoltaikfreiflächenanlagen von den konkretisierenden Anforderungen in Nr. 4 nicht erfasst werden, also weder besondere Anforderungen an noch nachteilige Wirkungen auf die Umgebung haben und auch nicht aufgrund ihrer besonderen Zweckbestimmung im Außenbereich ausgeführt werden müssen. Vielmehr in erster Linie anzuführen ist die sich aus dem Soll-Begriff der Vorschrift ergebende Einschränkung der Zulassungsfähigkeit solcher Anlagen. Nicht jedes Vorhaben, das sinnvoll nur im Außenbereich errichtet werden kann, soll auch dort errichtet werden. Dies hätte die in

---

[104] Für kerntechnische Anlagen befindet sich die einschlägige Bestimmung in § 35 Abs. 1 Nr. 7 BauGB.
[105] BVerwG, Urteil vom 2.12.1977 – 4 C 75.75 –, BVerwGE 55, 118.
[106] Hinsichtlich dieser Anforderung ergeben sich Überschneidungen mit Vorhaben, die aufgrund ihrer besonderer Anforderungen an die Umgebung privilegiert sind. Allerdings besteht auch ein Unterschied darin, dass Vorhaben die wegen ihrer besonderen Zweckbestimmung im Außenbereich ausgeführt werden sollen, auf die Beziehung zwischen dem besonderen Zweck und der Funktion des Außenbereichs als Erholungslandschaft für die Allgemeinheit abstellen. Demgegenüber steht bei Vorhaben, die wegen ihrer besonderen Anforderungen an die Umgebung im Außenbereich ausgeführt werden sollen, die Eigenschaft des Außenbereichs im Vordergrund.
[107] So im Ergebnis auch: Schäfer (Fn. 73), S. 103, 107.

der oben angeführten Rechtsprechung angemahnte Folge, dass der von § 35 BauGB angestrebte Außenbereichsschutz nicht mehr gewährleistet werden kann. Eine Privilegierung nach § 35 Abs. 1 Nr. 4 BauGB wird vielmehr beschränkt auf Anlagen mit singulärem Charakter, also auf Anlagen, die nicht in einer größeren Zahl zu erwarten sind und für die deshalb eine planerische Standortprüfung und letztlich auch -ausweisung nicht durchgeführt zu werden braucht, um den geeignetsten zu finden. Hier genügt eine Beurteilung im Einzelfall den Anforderungen an eine geordnete städtebauliche Entwicklung.[108]

2.2 Fotovoltaikfreiflächenanlagen als sonstige Vorhaben?

Fotovoltaikfreiflächenanlagen sind demnach keine privilegierten Vorhaben im Sinne von § 35 Abs. 1 BauGB. Folglich muss es sich bei diesen Anlagen um „sonstige Vorhaben" nach § 35 Abs. 2 BauGB handeln.[109] Diese können im Einzelfall zugelassen werden, wenn die Ausführung oder Benutzung öffentliche Belange nicht beeinträchtigt und die Erschließung gesichert ist.[110] Ob und inwieweit eine Beeinträchtigung öffentlicher Belange vorliegt, ist unter Heranziehung von § 35 Abs. 3 BauGB in Bezug auf die dort näher bezeichneten öffentlichen Belange zu klären. Werden öffentliche Belange durch die Errichtung der Fotovoltaikfreiflächenanlage nicht beeinträchtigt, besteht ein Rechtsanspruch auf Zulassung.[111] Bei der insoweit vorzunehmenden Abwägung zwischen dem beabsichtigten Vorhaben und den von ihm berührten öffentlichen Belangen handelt es sich anders als bei der Bauleitplanung[112] nicht um eine planerische Abwägung, bei der gestaltend vorgegangen wird und im Sinne einer wertenden Abwägung öffentliche und private Belange gegeneinander und untereinander zu einem Ausgleich gebracht werden. Hier geht es vielmehr nur um die Feststellung, ob eine negative Berührung mit öffentlichen Belangen vorliegt.[113] Dabei reicht jedes negative Betroffensein aus. Die Abwägung bei der Beurteilung der Beeinträchtigung öffentlicher Belange im Sinne von § 35 Abs. 2 BauGB beschränkt sich daher auf die Ermittlung des Gewichts der öffentlichen Belange, die von dem Vorhaben berührt werden. Das Gewicht des öffentlichen

---

[108] Zu Recht: Bracher, in: Gelzer/Bracher/Reidt, Bauplanungsrecht, 7. Aufl., München, 2004, Rn. 2135.
[109] Ebenso: Berkemann (Fn. 92), S. 285; Schäfer (Fn. 73), S. 103, 107.
[110] Besteht ein einfacher Bebauungsplan im Sinne von § 30 Abs. 3 BauGB haben seine Festsetzungen Vorrang vor der Beurteilung der Beeinträchtigung von öffentlichen Belangen. Bedeutung kann dies erlangen für den Ausschluss von Nutzungen und insoweit auch die Zulassungsfähigkeit von Fotovoltaikfreiflächenanlagen betreffen.
[111] BVerwG (Fn. 97), S. 247, 251 f. Ebenso: Roeser (Fn. 80), § 35 Rn. 55.
[112] Und auch anders als bei der vorzunehmenden Abwägung für privilegierte Vorhaben, inwieweit diesen öffentliche Belange entgegenstehen. Vgl. BVerwG, Urteil vom 20.1.1984 – 4 C 43.81 -, BVerwGE 68, 311, 314 f. sowie Urteil vom 24.8.1979 – 4 C 3.77 -, BauR 1979, S. 481 ff. sowie auch (Fn. 77), S. 95, 103 f., wonach den privilegierten Vorhaben im Rahmen der Abwägung ein größeres Gewicht beizumessen ist, weil der Gesetzgeber in einer der Rechtslage im beplanten und unbeplanten Innenbereich vergleichbaren Weise entschieden hat, dass diese im Außenbereich allgemein zulässig sind.
[113] Krautzberger (Fn. 76), § 35 Rn. 47.

Belanges ist aber nicht zu dem Gewicht der privaten Interessen in Beziehung zu setzen[114], wie dies bei einer planerischen Abwägung der Fall ist.

Die öffentlichen Belange, die ein sonstiges Vorhaben beeinträchtigen können, werden in § 35 Abs. 3 BauGB beispielhaft[115] aufgelistet. In der Praxis scheitern Fotovoltaikfreiflächenanlagen regelmäßig an zwei wichtigen öffentlichen Belangen. Insoweit angesprochen sind zunächst die regelmäßig solchen Anlagen entgegenstehenden Belange des Naturschutzes und der Landschaftspflege sowie des Bodenschutzes[116] oder der natürlichen Eigenart der Landschaft, ihres Erholungswertes sowie des Orts- und Landschaftsbildes (vgl. § 35 Abs. 3 Nr. 5 BauGB). Weiterhin spielen oftmals auch die sog. planungsbezogenen öffentlichen Belange, die auf einen Widerspruch zu den Darstellungen des Flächennutzungsplans (vgl. § 35 Abs. 3 Nr. 1 BauGB) sowie zu sonstigen Plänen (vgl. § 35 Abs. 3 Nr. 2 BauGB[117]) abstellen, die entscheidende Rolle.

Schließlich ist auch noch auf solche öffentlichen Belange hinzuweisen, die in § 35 Abs. 3 Satz 1 BauGB nicht aufgelistet sind, aber dennoch der Zulassung von Fotovoltaikfreiflächenanlagen im Außenbereich infolge ihrer Beeinträchtigung entgegengehalten werden können. Dabei handelt es sich zunächst um laufende Planungen wie etwa in Aufstellung befindliche Raumordnungs- oder Bauleitpläne sowie Planfeststellungsverfahren, soweit diese jedenfalls eine entsprechende Konkretisierung erfahren haben.[118] Fotovoltaikfreiflächenanlagen können öffentliche Belange auch dadurch beeinträchtigen, wenn sie so umfänglich sind, dass sie ein Planungserfordernis auslösen. Bei größeren Anlagen ist dies ohne Weiteres der Fall.

3. Im Geltungsbereich eines klassischen und eines vorhabenbezogenen Bebauungsplans

Hat eine Gemeinde einen Bebauungsplan (auch einen vorhabenbezogenen im Sinne von § 12 BauGB) aufgestellt, so richtet sich die Zulässigkeit eines Vorhabens danach, ob es den Bestimmungen des Bebauungsplans entspricht (vgl. § 30 Abs. 1

---

[114] Bracher (Fn. 108), Rn. 2151.
[115] Im Wesentlichen kommt den benannten Belangen praktische Bedeutung zu. Allerdings ist der Katalog offen, so dass nach der Rechtsprechung (schon frühzeitig: BVerwG, Urteil vom 19.10.1966 – 4 C 16.66 -, BVerwGE 25, 161, 163 f.) auch unbenannte öffentliche Belange berücksichtigt werden können, allerdings muss ihnen ein ähnliches Gewicht beizumessen sein wie den aufgelisteten.
[116] Bei der Beurteilung der Beeinträchtigung öffentlicher Belange ist auch das Gebot der größtmöglichen Schonung des Außenbereichs mitzuprüfen (vgl. BVerwG, Urteil vom 18.3.1983 – 4 C 17.81 – DVBl. 1983, S. 893 ff.). Dies ergibt sich aus § 35 Abs. 5 Satz 1 BauGB. Danach sind die nach den Absätzen 1 bis 4 zulässigen Vorhaben in einer flächensparenden , die Bodenversiegelung auf das notwendige Maß begrenzenden und den Außenbereich schonenden Weise auszuführen.
[117] Z. B. Landschaftsplan oder Pläne des Wasser-, Abfall- oder Immissionsschutzrechts.
[118] Im Einzelnen dazu: Söfker (Fn. 80), § 35 Rn. 113 ff.

und 2 BauGB). Ist dies der Fall, so besteht ein Rechtsanspruch auf Zulassung des Vorhabens. Im Falle eines einfachen Bebauungsplans gemäß § 30 Abs. 3 BauGB richtet sich die Zulässigkeit ergänzend nach den Bestimmungen der §§ 34 oder 35 BauGB, je nachdem, ob das Vorhaben im Innen- oder Außenbereich errichtet werden soll. Die Erschließung muss bei allen Fallgestaltungen gesichert sein.

VI. Einzelfragen

1. Mitgezogene Nutzung

„Mitgezogene Nutzungen" werden in erster Linie mit der landwirtschaftlichen Nutzung in Zusammenhang gebracht. Sie betreffen vor allem die Weiterverarbeitung und Vermarktung landwirtschaftlicher Erzeugnisse, aber auch die Vermietung von Räumen und Wohnungen. Hervorgerufen werden diese Tätigkeiten, die bei genauer Betrachtung der Landwirtschaft eigentlich fremd sind, durch den um sich greifenden Strukturwandel in der Landwirtschaft. Aufgrund ihrer betrieblichen Zuordnung zur landwirtschaftlichen Tätigkeit[119] werden Vorhaben, die ganz oder teilweise solchen landwirtschaftsfremden Betätigungen dienen, gewissermaßen „mitgezogen" und nehmen dadurch auch an der Privilegierung teil.[120] Voraussetzung ist aber stets, dass die mitgezogenen Nutzungen eine nach dem Betriebskonzept untergeordnete Bedeutung haben. Inwieweit nun Fotovoltaikanlagen als mitgezogene Nutzung von Windenergieanlagen an einer Privilegierung dieser Anlagen teilhaben können, war Gegenstand rechtlicher Entscheidungen.[121]

§ 35 Abs. 1 Nr. 5 BauGB privilegiert diese Anlagen nämlich im Außenbereich. So sind Vorhaben, die der Erforschung, Entwicklung oder Nutzung der Wind- oder Wasserenergie dienen, als privilegierte Vorhaben im Außenbereich zulässig. Von dieser Bestimmung erfasst werden demnach zunächst einmal die Windenergieanlagen selbst, aber auch Prototypanlagen, die mithin nur vorübergehend, also zeitlich befristet, errichtet werden sowie nicht zuletzt auch Anlagen zur Erforschung der Windenergie.

Im Ergebnis hat das BVerwG die Entscheidung des OVG Rheinland-Pfalz bestätigt[122] und entschieden, dass Windenergieanlagen mit Solarunterstützung im Außenbereich zulässig sind, wenn sie zur Deckung des Energiebedarfs von Windenergieanlagen erforscht werden sollen. Im Rahmen dieser Entscheidung ging es um die

---

[119] Z. B. der Verkauf selbsterzeugter Produkte, auch an Endverbraucher.
[120] BVerwG, Urteil vom 30.11.1984 – 4 C 27.81 -, NVwZ 1986, S. 203 ff.; Beschluss vom 28.8.1998 – 4 B 66.98 -, NVwZ-RR 1999, S. 106 ff.
[121] OVG Rheinland-Pfalz, Urteil vom 12.9.2007 – 8 A 11166/06 -, ZfBR 2008, S. 63 ff. sowie BVerwG, Urteil vom 22.1.2009 – 4 C 17.07 -, NVwZ 2009, S. 918 ff.
[122] Kritisch: Berkemann (Fn. 92), S. 286.

Zulässigkeit von sog. Hybridanlagen. Dazu sollte auf einem 2 m hohen und 4 m breiten Sockel ein ca. 17 m hoher Turm mit aufgesetztem Windrad (Rotorblattradius 2,77 m) und einem um den Fuß des Turmes drehbaren Modulträger mit einer Breite von 10 m, einer Länge von 12 m und einem Neigungswinkel von 45 Grad zur Beplattung mit Solarzellen errichtet werden.[123] Die beiden Hybridanlagen sollten in einer Entfernung von 50 - 70 m bzw. 70 - 100 m zu jeweils im Außenbereich stehenden Großwindenergieanlagen mit einer Gesamthöhe von 120 m angebracht werden und diesen als Hilfsenergiequelle für den Eigenenergiebedarf dienen. Zwar ist nach Auffassung des BVerwG dies gegenwärtig nicht interessant, weil es finanziell günstiger ist, den Eigenenergiebedarf der Großwindenergieanlagen über das öffentliche Stromnetz oder mit Hilfe von Dieselgeneratoren zu decken, doch kann sich dies bei steigenden Kosten des Netzbezugs einerseits oder höheren Treibstoffkosten andererseits auch ändern.[124] Durch Erprobung von Prototypen kann schon jetzt eine Nachfrage in der Zukunft vorbereitet werden.

Einer Verallgemeinerung in dem Sinne, dass insoweit ein Einfallstor für die Zulassung und Errichtung von Fotovoltaikanlagen im Außenbereich geschaffen wurde, wird aus den Entscheidungen des BVerwG und des OVG Rheinland-Pfalz wohl gegenwärtig nicht abgeleitet werden können. Allerdings könnten von Windenergieanlagen mitgezogene Fotovoltaikanlagen bei voranschreitender technischer Entwicklung oder bei gegenüber heute veränderten Kosten in Zukunft auch näher ins Blickfeld rücken. Ein Modell für Fotovoltaikfreiflächenanlagen wird damit jedenfalls nicht geschaffen. Die der Windenergieanlage untergeordnete Fotovoltaikanlage darf in ihrer Kapazität nur begrenzt sein und außerdem muss der erzeugte Strom der Eigenversorgung der Windenergieanlage dienen. Außerdem soll die mit diesen Anlagen erzeugte Energie gänzlich oder zumindest überwiegend in das öffentliche Versorgungsnetz eingespeist werden.

2. Planerische Steuerungsmöglichkeiten

2.1 Anwendbarkeit des Planvorbehalts

Von der Möglichkeit, im Außenbereich privilegiert zulässige Vorhaben mittels planerischer Standortzuweisungen zu steuern, wird gegenwärtig in der Planungspraxis sowohl für die Ebene der Regionalplanung als auch für die Stufe der Flächennutzungsplanung vor allem im Zusammenhang mit Windenergieanlagen Gebrauch gemacht.[125] Die insoweit gemachten Erfahrungen sind vielfältig und lehrreich, ins-

---

[123] BVerwG (Fn. 121), S. 918.
[124] BVerwG (Fn. 121), S. 918, 920.
[125] Speziell zur planerischen Steuerungsmöglichkeit: Stüer, Die Zulässigkeit von Windenergieanlagen als Planungsproblem der Regional- und Flächennutzungsplanung, in: Spannowsky/Mitschang (Hrsg.), Flächennutzungsplanung im Umbruch?, 1999, S. 124 ff.; Enders/Bendermacher, ZfBR 2001, S. 450 ff.; Schidlowski, NVwZ 2001, S. 388 ff.; Mitschang, ZfBR 2003, S. 431 ff. sowie Stüer/Stüer, NuR 2004, S. 341 ff. m.w.N.

besondere vor dem Hintergrund der umfangreichen Rechtsprechung[126] über die fachlichen und rechtlichen Anforderungen, die eine solche planerische Vorhabensteuerung mit sich bringt.

Als Rechtsgrundlage wird für die Steuerung von bestimmten privilegierten Vorhaben die Bestimmung über den sog. „Planvorbehalt" herangezogen. Sie ist in § 35 Abs. 3 Satz 3 BauGB zu finden und regelt, dass öffentliche Belange einem Vorhaben nach Abs. 1 Nr. 2 bis 6 in der Regel auch dann entgegenstehen, soweit hierfür durch Darstellungen im Flächennutzungsplan oder als Ziele der Raumordnung eine Ausweisung an anderer Stelle erfolgt ist. Nach dieser Vorschrift wird aber eine Steuerungskompetenz für Fotovoltaikfreiflächenanlagen – anders als etwa für Windenergieanlagen - ausdrücklich nicht normiert. Fotovoltaikfreiflächenanlagen sind im Außenbereich (noch) nicht nach § 35 Abs. 2 bis 6 privilegiert[127], so dass mittels positiver Standortzuweisungen dergestalt, dass bestimmte privilegierte Vorhaben an einer oder an mehreren Stellen im Plangebiet des Regional- oder Flächennutzungsplans zulässig sind, an allen übrigen Standorten aber ausgeschlossen sind, eine Steuerung von Fotovoltaikfreiflächenanlagen nicht möglich ist.

Lediglich bei mitgezogenen Fotovoltaikanlagen käme gewissermaßen eine „indirekte Steuerung" in Frage[128], weil die Windenergieanlage als von der Möglichkeit des Planvorbehalts erfasste privilegierte Nutzung einer solchen planerischen Steuerung zugänglich wäre. Für die Errichtung von Fotovoltaikfreiflächenanlagen ist diese Möglichkeit jedoch als irrelevant anzusehen.[129]

2.2 Möglichkeiten der Einflussnahme auf regionalplanerischer Ebene

Wenngleich eine planerische Steuerungsmöglichkeit in der Form von § 35 Abs. 3 Satz 3 BauGB nach den bestehenden rechtlichen Maßgaben nicht gegeben ist, so hat die Regionalplanung doch Möglichkeiten, Anforderungen an Standorte für Fotovoltaikfreiflächenanlagen zu stellen. In diesem Zusammenhang ist zunächst darauf hinzuweisen, dass die Aufgaben der Landes- und Regionalplanung vor der Zielsetzung der raumordnerischen Leitvorstellung einer nachhaltigen Raumentwicklung[130] zu erfüllen sind. In den Grundsätzen, die im Sinne dieser Leitvorstellung anzuwenden und durch Festlegungen in den Raumordnungsplänen zu konkretisieren sind, wird in § 2 Nr. 6 Satz 6 und 7 GeROG auf die Berücksichtigung des Klimaschutzes und der Energieeinsparung[131] Bezug genommen. Danach ist den

---

[126] Vgl. BVerwG, Urteil vom 19.9.2002 - 4 C 10/01 -, BVerwGE 117, 44; Urteil vom 17.12.2002 - 4 C 15/01 -, BVerwGE 117, 287; Urteil vom 21.10.2004 - 4 C 2/04 -, BVerwGE 122 ,109; Urteil vom 16.3.2006 - 4 A 1075/04 -, NVwZ 2006, S. 927; BVerwG, Urteil vom 26.4.2007 - 4 CN 3/06 – NVwZ 2007, S. 1081.
[127] Vgl. oben V. 2.1.
[128] Schäfer (Fn. 73), S. 103, 119 f.
[129] Zu den hierfür maßgeblichen Gründen, vgl. oben V. 2.1.1.d.
[130] Vgl. § 1 Abs. 2 GeROG vom 22.12.2008, BGBl. I S. 2986.
[131] Hierzu genauer: Mitschang, DVBl. 2008, S. 745, 747 f.

Erfordernissen des Klimaschutzes Rechnung zu tragen, „sowohl durch Maßnahmen, die dem Klimawandel entgegenwirken, als auch durch solche, die der Anpassung an den Klimawandel dienen. Dabei sind die räumlichen Voraussetzungen für den Ausbau der Erneuerbaren Energien, für eine sparsame Energienutzung sowie für den Erhalt und die Entwicklung natürlicher Senken für klimaschädliche Stoffe und für die Einlagerung dieser Stoffe zu schaffen." Infolgedessen fällt es in den Aufgabenbereich der Raumordnung sich mit den Themenfeldern der „Erneuerbaren Energien" auseinanderzusetzen und dies in ihren Plänen durch entsprechende Festlegungen zu dokumentieren.[132] Tatsächlich enthalten heute schon einige Pläne Erneuerbare Energien betreffende Festlegungen. Vielfach sind die Länder und Regionen aber auch erst dabei, ihre Pläne zu überarbeiten und mit klimaschutz- und energiebezogenen Festlegungen zu ergänzen.

Zwar weisen Fotovoltaikfreiflächenanlagen ab einer bestimmten Größenordnung[133] raumrelevante Wirkungen[134] auf. Inwieweit sie aber im Hinblick darauf auch als raumbedeutsam[135] qualifiziert werden können, bedarf der konkreten Betrachtung im Einzelfall.[136] Das Kriterium der Raumbedeutsamkeit ist aber von entscheidender Bedeutung, denn dadurch findet eine Abgrenzung von sonstigen Planungen und Maßnahmen statt, die von den von Erfordernissen der Raumordnung (Ziele der Raumordnung, Grundsätze der Raumordnung und sonstige Erfordernisse der Raumordnung[137]) ausgehenden Bindungswirkungen gerade nicht erfasst werden.[138] Soweit jedenfalls von einer Raumbedeutsamkeit von Fotovoltaikfreiflächenanlagen ausgegangen wird, stehen zur Steuerung ihrer raumbedeutsamen Nutzungsansprüche einerseits die Raumordnungspläne mit den darin möglichen Festlegungen von in erster Linie Vorrang- und Vorbehaltsgebieten, andererseits das Raumordnungsverfahren als raumordnerische Instrumente zur Verfügung. Das Raumordnungsverfahren setzt regelmäßig in Bezug auf ein konkretes raumbedeutsames Vorhaben oder eine Planung ein, ist also nicht für eine raumordnerische Steuerung im Sinne

---

[132] Ebenda, S. 745, 752 f.
[133] Vielfach werden hierfür Schwellenwerte herangezogen, die teilweise schon unterhalb eines Hektars von einer raumbedeutsamen Anlage ausgehen. Vgl. z. B. den Leitfaden für die Bewertung von großflächigen Solar- und Photovoltaikanlagen im Freiraum aus raumordnerischer und landesplanerischer Sicht, Neustadt an der Weinstraße, Juni 2007, der schon ab einer Größenordnung von 5.000 m² von einer grundsätzlichen Einstufung als raumbedeutsames Vorhaben ausgeht.
[134] Vgl. oben V. 2.1.
[135] Ausführlich zur Bestimmung der Raumbedeutsamkeit: Runkel, in: Bielenberg/Runkel/Spannowsky/Reitzig/Schmitz, Raumordnungs- und Landesplanungsrecht des Bundes und der Länder, Loseblattsammlung Stand: Januar 2009, Berlin, § 3 Rn. 238 ff.
[136] Problematisch erweist sich hierbei der Aspekt der Überörtlichkeit, der bei raumbedeutsamen Maßnahmen gewährleistet sein muss, um eine regionalplanerische Steuerung auszulösen. Dies ist im Einzelfall zu prüfen, kann aber bei großflächigen Anlagen durchaus der Fall sein. Vgl. demgegenüber kritisch: Maslaton, LKV 2009, S. 152, 156, der davon ausgeht, dass Fotovoltaikfreiflächenanlagen regelmäßig keine raumbeeinflussenden Wirkungen über das Gemeindegebiet hinaus auslösen.
[137] Vgl. § 3 Abs. 1 Nr. 1 GeROG.
[138] Runkel (Fn. 135), § 3 Rn. 238.

einer Angebotsplanung geeignet. Es handelt sich hierbei um ein vorgelagertes Prüfverfahren, um bereits zu einem frühen Planungsstadium die raumbedeutsamen Auswirkungen der Planung oder Maßnahme unter Berücksichtigung von Standortalternativen unter überörtlichen Gesichtspunkten[139] zu prüfen. Dabei wird festgestellt, ob die Planung oder das Vorhaben mit den Erfordernissen der Raumordnung vereinbar ist bzw. unter welchen Voraussetzungen eine solche Vereinbarkeit hergestellt werden kann. Außerdem wird die Abstimmung mit anderen raumbedeutsamen Planungen und Maßnahmen geprüft.[140] Für die nachfolgende Bauleitplanung wird aufgrund der Behördenverbindlichkeit des Raumordnungsverfahrens eine relativ hohe Planungssicherheit für den Planungsträger geschaffen.

Die bestehenden Regionalpläne weisen in Bezug auf die Standortanforderungen von Fotovoltaikfreiflächenanlagen regelmäßig Erfordernisse der Raumordnung entweder in Form von Zielen oder Grundsätzen der Raumordnung oder als sonstige Erfordernisse der Raumordnung[141] auf, die entweder einer solarenergetischen Flächennutzung als Ziele der Raumordnung zwingend entgegenstehen (z. B. Vorranggebiete für Natur und Landschaft[142]) oder als Grundsätze der Raumordnung (z. B. Vorbehaltsgebiete für Natur und Landschaft[143]) im Rahmen der zu treffenden Abwägungs- oder Ermessensentscheidungen zu berücksichtigen sind.[144] Umgekehrt besteht auch die Möglichkeit im Raumordnungsplan Gebiete festzulegen, in denen sich die Nutzung solarer Strahlungsenergie gegenüber konkurrierenden Raumnutzungen durchsetzen soll (z. B. die Festlegung von Vorrang- oder Vorbehaltsgebieten für Anlagen zur Nutzung solarer Strahlungsenergie). Allerdings sind regionale Raumordnungspläne, die eine solche positive Standortsteuerung vornehmen, noch kaum vorhanden. Vielmehr versucht die Regionalplanung sich mit der Aufstellung von informellen Konzepten[145] zu behelfen und so auf die Standortfrage bei Fotovoltaikfreiflächenanlagen Einfluss zu nehmen. Eine Integration dieser informellen Konzepte in den regionalen Raumordnungsplan ist vielfach nicht vorgesehen, so dass ihnen eine rechtliche Bindungswirkung (ggf. unter Bezugnahme auf vertragliche Regelungen), insbesondere für diejenigen, die an ihrer Erstellung nicht teilgenommen haben, nicht beigemessen werden kann. Dabei besteht gerade im Zu-

---

[139] Diese Voraussetzung ergibt sich aus der Prüfung der Raumbedeutsamkeit im Einzelfall.
[140] Vgl. § 15 Abs. 1 GeROG.
[141] Z. B. Ergebnisse von Raumordnungsverfahren oder landesplanerische Stellungnahmen. Vgl. § 3 Abs. 1 Nr. 4 GeROG.
[142] Darunter fallen aber auch andere Vorranggebiete, z. B. für die Landwirtschaft oder den Abbau von oberflächennahen Rohstoffen.
[143] Auch hierunter fallen weitere Vorbehaltsgebiete, z. B. für die Landwirtschaft, die Forstwirtschaft, Waldgebiete.
[144] Kritisch zu einer solchen restriktiven, gleichwohl aber zulässigen planerischen Vorgehensweise: Maslaton (Fn. 136), S. 152, 156 unter Hinweis auf den in der Gesamtfortschreibung befindlichen Regionalplan Westsachsen. In diesem Zusammenhang interessant sind die Informationen zur Raumentwicklung 06/2004 des Regionalen Planungsverbands Westsachen – Regionale Planungsstelle (Hrsg.) mit dem Titel „Regionalplanerische Beurteilung von Vorhaben zur großflächigen Nutzung von solarer Strahlungsenergie im Freiraum Westsachsens".
[145] Z. B. Standortkonzeptionen für Fotovoltaikfreiflächenanlagen.

sammenhang mit der positiven Standortausweisung die Möglichkeit, den räumlichen Steuerungsansatz[146] des EEG-2009 aufzugreifen und die im Rahmen eines regionalplanerischen Flächenpotenzialmodells ermittelten Standorte[147] dann im Regionalen Raumordnungsplan auszuweisen.

Zur Sicherung der Planung kann auf der Ebene der Regionalplanung auf die einschlägigen Sicherungsinstrumente zurückgegriffen werden. Insoweit kommen die unbefristete (vgl. § 14 Abs. 1 GeROG) sowie die befristete Untersagung raumbedeutsamer Planungen und Maßnahmen in Frage (siehe § 14 Abs. 2 GeROG). Inwieweit diese Bestimmung zur Planungssicherung in Bezug auf die Zulassung von Fotovoltaikfreiflächenanlagen anwendbar ist, bedarf einer Prüfung im Einzelfall.

2.3 Möglichkeiten zur Einflussnahme auf der Ebene der Bauleitplanung

Für die der regionalen Raumordnungsplanung nachfolgenden Ebene der örtlichen Bauleitplanung ist zunächst anzumerken, dass die Bauleitpläne gemäß § 1 Abs. 4 BauGB den Zielen der Raumordnung nicht widersprechen dürfen. Das bedeutet, dass für die Aufstellung von Flächennutzungs- und Bebauungsplänen die (positiven sowie gleichermaßen negativen) Ziele der Raumordnung in der bauleitplanerischen Abwägung zwingend zu beachten, die Grundsätze der Raumordnung bei der Abwägung jedoch nur zu berücksichtigen sind. Insoweit kann über die Regionalplanung Schranken setzend bzw. steuernd auf die Bauleitplanung der Gemeinden eingewirkt werden.

Soweit auf der regionalplanerischen Ebene das zur Verfügung stehende Instrumentarium nicht angewendet wird, fällt es allein in den Aufgabenbereich der Gemeinden, Flächen für Fotovoltaikfreiflächenanlagen in ihrem Flächennutzungsplan darzustellen[148] und ggf. durch die Aufstellung von Bebauungsplänen festzusetzen.[149] Dass dies eine örtliche Aufgabe ist, davon geht auch das EEG-2009 in der maßgeblichen Bestimmung in § 32 aus. Will die Gemeinde diese Aufgabe aufgreifen, so muss auch sie – wie vorangehend für die Ebene der Regionalplanung dargelegt – von der Möglichkeit Gebrauch machen, die insoweit geeigneten Flächen zu ermitteln, um dann im Flächennutzungsplan entsprechende Flächen darstellen zu können. Aus ihnen können dann die Bebauungspläne als Rechtsgrundlage für die Zu-

---

[146] Vgl. oben III. 2.2.
[147] Vgl. hierzu etwa die aus naturschutz- und landschaftsbezogener Sicht durchgeführte Untersuchung von Jessel/Kuler (Fn. 24), S. 225, 229, die in Ausschlussräume, Restriktionsräume und Positivräume differenzieren.
[148] Nicht möglich ist die Aufstellung von sachlichen Teilflächennutzungsplänen im Sinne von § 5 Abs. 2b BauGB, weil es sich bei Fotovoltaikfreiflächenanlagen nicht um privilegierte Vorhaben im Sinne von § 35 Abs. 1 Nr. 2 bis 6 BauGB handelt.
[149] Zu den bestehenden Möglichkeiten, vgl. schon oben V. 3.

lassung der Fotovoltaikfreiflächenanlagen entwickelt werden (vgl. § 8 Abs. 2 BauGB).[150]

Von der Darstellung von solchen Positivstandorten im Flächennutzungsplan gehen in zweierlei Richtung Wirkungen aus. Zunächst können diese konkreten Darstellungen sonstigen Vorhaben nach § 35 Abs. 2 BauGB als im Widerspruch zu den Darstellungen des Flächennutzungsplans stehend als sonstige öffentliche Belange im Sinne von § 35 Abs. 3 Satz 1 Nr. 1 BauGB entgegengehalten werden. Durch ihre Darstellung im Flächennutzungsplan können sie aber auch im Hinblick auf die Aufstellung von Bebauungsplänen steuernd herangezogen werden, denn mit der Integration eines informellen Standortkonzeptes in den Flächennutzungsplan gibt die Gemeinde ihren städtebaulichen Entwicklungsvorstellungen Ausdruck und zeigt dadurch an, wo im Gemeindegebiet künftig Fotovoltaikfreiflächenanlagen errichtet werden sollen. Zwar schließt dies nicht aus, dass im Einzelfall von den Darstellungen des Flächennutzungsplans auch abgewichen werden kann, doch ist dann ein förmliches Planänderungsverfahren unter Berücksichtigung aller materieller und formeller Anforderungen durchzuführen und der geänderte Plan genehmigen zu lassen.

3. Darstellungen im Flächennutzungsplan

Da der Flächennutzungsplan sich in seinen Aussagen über die künftige Bodennutzung auf das gesamte Gemeindegebiet bezieht, besteht die Möglichkeit, auf dieser der verbindlichen Bauleitplanung vorgelagerten Planungsebene, ein eigens erstelltes Standortkonzept für Fotovoltaikfreiflächenanlagen umzusetzen. Bei diesem Standortkonzept handelt es sich um ein informelles Planungskonzept, bei dem unter Berücksichtigung der Standortanforderungen von Fotovoltaikfreiflächenanlagen und ihren voraussichtlichen Umweltauswirkungen, die Standorte ermittelt werden, auf denen die Errichtung von Fotovoltaikfreiflächenanlagen möglich ist. Die in § 32 EEG-2009 hervorgehobene aktive Rolle der Planungshoheit der Kommunen kommt in der Erarbeitung eines solchen Standortkonzeptes deutlich zum Ausdruck. Die darin ausgewiesenen Flächen müssen allerdings nicht den Wünschen eines privaten Vorhabenträgers der Solarwirtschaft entsprechen. Gleichwohl kann ein solches Konzept durchaus das Ergebnis eines Public-Private-Partnership sein und auf der Kooperation mit einem privaten Vorhabenträger beruhen. Umgekehrt kann eine Gemeinde auch ohne einen potenziellen privaten Vorhabenträger ein Standortkonzept entwickeln und aus stadtentwicklungspolitischer Sicht die Flächen im Gemeindegebiet ermitteln, die sich für die Errichtung von Fotovoltaikfreiflächenanlagen anbieten. Vor dem Hintergrund des zunehmenden Flächenbedarfs solcher Anlagen dürften interkommunale Kooperationen in Form von gemeindeübergreifenden Standortkonzepten zukünftig an Bedeutung gewinnen.

---

[150] Eine Ausschlusswirkung für die Errichtung von Fotovoltaikfreiflächenanlagen an einem anderen Standort außerhalb des Plangebiets solcher Bebauungspläne besteht nicht.

Was die konkrete Darstellungsform der betreffenden Flächen im Flächennutzungsplan angeht, so kommen einerseits natürlich Sonderbauflächen als allgemeine Art der baulichen Nutzung (vgl. § 9 Abs. 1 Nr. 1 BauGB i. V. m. § 1 Abs. 1 BauNVO) sowie Sondergebiete als besondere Art der baulichen Nutzung (vgl. § 9 Abs. 1 Nr. 1 BauGB i. V. m. § 1 Abs. 2 BauNVO) und andererseits gemischte Bauflächen bzw. Dorf- und Mischgebiete (vgl. § 9 Abs. 1 Nr. 1 i. V. m. §§ 5 und 6 BauNVO) sowie gewerbliche Bauflächen bzw. Gewerbe- und Industriegebiete (vgl. § 9 Abs. 1 Nr. 1 BauGB i. V. m. §§ 8 und 9 BauNVO) in Frage. Da die potenziellen Standorte für Fotovoltaikfreiflächenanlagen aufgrund der von ihnen ausgehenden Auswirkungen regelmäßig nicht unmittelbar an die bebaute Ortslage angrenzen dürften, empfiehlt sich den Gemeinden der Rückgriff auf die Darstellung von Sonderbauflächen bzw. Sondergebieten ergänzt um die Zweckbestimmung „Fotovoltaikfreiflächenanlage"[151] oder „Solare Strahlungsenergie". Möglich ist aber auch die Darstellung von Versorgungsflächen einschließlich der erforderlichen Hauptversorgungsleitungen im Sinne von § 5 Abs. 2 Nr. 4 BauGB bei gleichzeitiger Festlegung der Zweckbestimmung[152] der betreffenden Flächen. Nur für diesen Fall kann auch gewährleistet werden, dass auf diesen Flächen auch Fotovoltaikfreiflächenanlagen und nicht sonstige Anlagen zur Erzeugung von Strom auf der Grundlage eines nachfolgenden Bebauungsplans als Vorhaben bauplanungsrechtlich zulässig sind. Ergänzende Darstellungen können sich – auch als überlagernde Darstellungen - schließlich noch auf den gegebenenfalls erforderlichen Ausgleich von zu erwartenden Eingriffen in Natur und Landschaft beziehen. Die entsprechende Darstellungsmöglichkeit hierfür im Flächennutzungsplan beruht auf § 5 Abs. 2 Nr. 10 BauGB. Demgegenüber wohl nicht herangezogen werden können die Darstellungen von Grünflächen im Sinne von § 5 Abs. 1 Nr. 5 BauGB oder von Flächen für die Landwirtschaft im Sinne von § 5 Abs. 2 Nr. 9 BauGB, da diesen Flächen im Falle der Darstellung als Grünfläche die durch ihre Darstellung vermittelte Prägung bei einer Nutzung als Flächen für Fotovoltaikfreiflächen-anlagen verloren geht[153] und im Falle der Darstellung als Flächen für die Landwirtschaft eine bauliche Nutzung gerade ausgeschlossen ist.[154]

4. Festsetzungen im Bebauungsplan

Eine Gemeinde ist nicht daran gehindert, Bebauungspläne aufzustellen und mit diesem Instrument die bauplanungsrechtliche Zulässigkeit von Fotovoltaikfreiflächenanlagen zu regeln. Bebauungspläne werden regelmäßig auch vor dem Hin-

---

[151] Schäfer (Fn. 73), S. 103, 121 f.
[152] Z. B. mit der Zweckbestimmung „Elektrizität" ergänzt um den Buchstaben „F" für Fotovoltaikfreiflächenanlage im Sinne von Nr. 7 der PlanzV 1990.
[153] In diesem Sinne auch: Gierke, in: Brügelmann (Hrsg.), Baugesetzbuch, Loseblattsammlung Stand: August 2008, § 9 Rn. 280.
[154] Ebenda, § 9 Rn. 335.

tergrund der Anforderungen des EEG[155] aufgestellt, um von den Einspeisevergütungen Gebrauch machen zu können.[156]

In Frage kommen hierfür der klassische sowie auch der vorhabenbezogene Bebauungsplan. Nicht heranziehbar dürfte regelmäßig der Bebauungsplan der Innenentwicklung sein, der zumindest in seiner Fallgestaltung bis zu 20 000 m^2 zulässiger Grundfläche oder versiegelter Fläche, einerseits einer größenmäßigen Beschränkung unterliegt und andererseits sich auf die Innenentwicklung bezieht, während Fotovoltaikfreiflächenanlagen gerade aufgrund ihres räumlichen Umfangs primär auf zu überplanenden Außenbereichsflächen errichtet werden. Folglich muss den für die Aufstellung eines klassischen oder vorhabenbezogenen Bebauungsplans maßgeblichen formellen und materiellen Planungsanforderungen in vollem Umfange Rechnung getragen werden. Hervorzuheben ist diesbezüglich vor allem die Notwendigkeit zur Berücksichtigung der Umweltbelange (vgl. §§ 1 und 1a bis 2a BauGB).[157] Gewährleistet wird dies einerseits im Rahmen der Durchführung der Umweltprüfung sowie andererseits durch Abarbeitung der Anforderungen der planerischen Eingriffsregelung.

Im Zusammenhang mit der Aufstellung eines Bebauungsplans ist zunächst zu beachten, dass es sich bei Fotovoltaikfreiflächenanlagen um gewerbliche Anlagen handelt und diese infolgedessen nicht in allen Baugebieten nach den §§ 2 ff. BauNVO[158] zulässig sind. Als gewerbliche Anlagen dürfen sie nur in Dorfgebieten (§ 5 BauNVO), Mischgebieten (§ 6 BauNVO), Gewerbegebieten (§ 8 BauNVO), Industriegebieten (§ 9 BauNVO) sowie in eigens für sie festgesetzten Sondergebieten im Sinne von § 11 Abs. 2 BauNVO zugelassen werden.[159]

Wie schon für die Stufe der Flächennutzungsplanung dargelegt, dürfte für bauplanungsrechtliche Zulassungsfähigkeit von Fotovoltaikfreiflächenanlagen aufgrund der mit ihnen verbundenen Flächenanforderungen in der Planungspraxis nur die Festsetzung eines sonstigen Sondergebietes für derlei Anlagen im Rahmen eines klassischen Bebauungsplans[160] von Bedeutung sein. Daneben sind weitere Festsetzungen zu treffen, die außer den maßgeblichen Baulinien oder Baugrenzen (vgl.

---

[155] Vgl. hierzu oben III. 2.2.
[156] Dabei muss die Errichtung von Anlagen zur Erzeugung von Strom aus solarer Strahlungsenergie nicht ausschließlicher Zweck der Aufstellung oder Änderung eines Bebauungsplans sein. Vgl. Konsolidierte Fassung der Begründung zu dem Gesetz für den Vorrang Erneuerbarer Energien, S. 43. Zu finden unter: www.erneuerbare-energien.de/files/pdfs/allgemein/application/pdf/eeg_2009_begr.pdf. Zugriff am 31.7.2009.
[157] Vgl. oben IV. 2.
[158] Verordnung über die bauliche Nutzung der Grundstücke i. d. F. der Bek. vom 23.1.1990, BGBl. I S. 132, zul. geänd. durch Gesetz vom 22.4.1993, BGBl. I S. 466).
[159] So auch: Schäfer (Fn. 73), S. 103, 121; Berkemann (Fn. 92), S. 286.
[160] Beim vorhabenbezogenen Bebauungsplan besteht keine Verpflichtung auf die Regelungsmöglichkeiten des § 9 BauGB sowie der BauNVO und der PlanzV 1990 zurückzugreifen (vgl. § 12 Abs. 3 Satz 2 BauGB). Die zu treffenden Festlegungen können daher konkret auf das zu realisierende Vorhaben bezogen werden.

§ 23 Abs. 2 und 3 BauNVO) auch die erforderlichen Flächen für sonstige technische Anlagen (entweder als allgemein oder ausnahmsweise zulässige Anlagen oder als Nebenanlagen), die verkehrliche Erschließung (vgl. § 9 Abs. 1 Nr. 11 BauGB), die Führung von ober- oder unterirdischen Versorgungsleitungen (vgl. § 9 Abs. 1 Nr. 13 BauGB), die mit Geh-, Fahr- und Leitungsrechten zu belastenden Flächen (§ 9 Abs. 1 Nr. 21 BauGB) sowie Flächen und Maßnahmen für die Kompensation von zu erwartenden Eingriffen in Natur und Landschaft beinhalten (gemäß § 9 Abs. 1 Nr. 20 BauGB). Gegebenenfalls besteht bei einem potenziellen Investor auch die Möglichkeit, flankierend zu dem aufzustellenden Bebauungsplan auch einen städtebaulichen Vertrag (vgl. § 11 BauGB) abzuschließen.

Neben der Festsetzung eines sonstigen Sondergebiets mit der Zweckbestimmung „Fotovoltaikfreiflächenanlage" kommt auch auf der Ebene der verbindlichen Bauleitplanung die Festsetzung einer Versorgungsfläche, insbesondere ergänzt um Regelungen nach § 9 Abs. 1 Nr. 13 und 21 BauGB in Frage.[161] Im Übrigen ist der Bebauungsplan aus den Darstellungen des Flächennutzungsplans zu entwickeln.

Zur Sicherung der Planung kann die Gemeinde, soweit sie den Beschluss[162] zur Aufstellung, Änderung, Ergänzung oder Aufhebung eines Bebauungsplans gefasst hat, eine Veränderungssperre erlassen[163], die zunächst zwei Jahre in Kraft bleibt, aber unter bestimmten Voraussetzungen[164] noch einmal um jeweils ein Jahr auf insgesamt vier Jahre verlängert werden kann. Folge hiervon ist, dass Vorhaben im Sinne des § 29 BauGB nicht durchgeführt oder bauliche Anlagen nicht beseitigt werden dürfen, sowie erhebliche oder wesentliche Wert steigernde Veränderungen von Grundstücken und baulichen Anlagen, deren Veränderungen nicht genehmigungs-, zustimmungs- oder anzeigepflichtig sind, nicht vorgenommen werden dürfen. Ansonsten verbleibt die Möglichkeit zur Zurückstellung von Baugesuchen nach den Maßgaben in § 15 Abs. 1 BauGB.

VII. Fazit und Ausblick

Vor dem Hintergrund des globalen Klimawandels und den auch wieder ansteigenden Energiepreisen kommt den Erneuerbaren Energien eine maßgebliche Rolle in der Energiepolitik zu. Angesichts festgelegter Ziele, sowohl im europäischen als auch im nationalen Rahmen sowie der gesetzlich verankerten Abnahme- und Vergütungspflicht im EEG-2009 ist die steigende Bedeutung der Erneuerbaren Energien[165] in den letzten Jahren sogar in der Landschaft ablesbar. Während eine Nut-

---

[161] Im Übrigen vgl. oben VI. 3.
[162] Der Beschluss muss ortsüblich bekannt gemacht sein.
[163] Vgl. § 14 Abs. 1 BauGB.
[164] Vgl. § 17 BauGB.
[165] Bundesministerium für Umwelt, Naturschutz und Reaktorsicherheit (Fn. 18), S. 17.

zung der solaren Strahlungsenergie auf und an Gebäuden gewissermaßen „flächenneutral" vorgenommen werden kann, ist dies bei Fotovoltaikfreiflächenanlagen nicht mehr gewährleistet. Derartige Anlagen werden regelmäßig außerhalb der bebauten Ortslagen errichtet. Anders als Anlagen der Windenergie oder der Biomasse sind Fotovoltaikfreiflächenanlagen im Außenbereich nicht privilegiert zulässig.[166] Es handelt sich vielmehr um sonstige Vorhaben, die regelmäßig schon dann nicht zulassungsfähig sind, wenn öffentliche Belange beeinträchtigt werden.

Ihre Zulassung erfordert in Anbetracht eines steigenden Flächenumfangs ohnehin schon heute regelmäßig der Aufstellung eines Bebauungsplans. Daneben enthält § 32 Abs. 2 und 3 EEG-2009 Maßgaben zum Vergütungsanspruch für Strom, der aus solarer Strahlungsenergie erzeugt wird und normiert außerdem einen in erster Linie ökologisch motivierten räumlichen Steuerungsansatz für Fotovoltaikfreiflächenanlagen.[167] Insoweit bietet es sich für die Raumordnung und Bauleitplanung an, diesen Standortsteuerungsansatz aufzugreifen. Dabei zeigt sich ein insgesamt zwiespältiges Bild.

Auf der einen Seite wird für die Ebene der Regionalplanung aus der Nichtprivilegierung von Fotovoltaikfreiflächenanlagen sowie des aufgrund hoher Produktionskosten noch ausbleibende Booms, wie er bei Windenergieanlagen schon in der Mitte der neunziger Jahre eingesetzt hat, weitgehend zum Anlass genommen, einen regionalplanerischen Handlungsbedarf nicht anzunehmen. Dieser Befund kann auch auf die örtliche Ebene übertragen werden. Hier verhält es sich ähnlich wie mit der Frage der Windenergie, von der man vor ihrer Privilegierung auf der kommunalen Ebene kaum Kenntnis[168] genommen hat. Inwieweit es bei der Nichtprivilegierung von Fotovoltaikfreiflächenanlagen bleibt, muss abgewartet werden. Dies gilt auch für ausstehende Entwicklungen im Bereich der Fotovoltaiktechnologie, die zu einer Senkung der Produktionskosten führen und insoweit einen steigenden Bedarf solcher Anlagen hervorrufen können, mit der Folge, dass zunehmende Flächenansprüche an den unbebauten Bereich in noch stärkerem Maße gestellt werden, als dies bereits heute der Fall ist. Dem muss auf den Ebenen der räumlichen Planung Rechnung getragen und Standortkonzeptionen für Fotovoltaikfreiflächenanlagen erarbeitet und deren Aussagen unter Berücksichtigung anderer Raumnutzungsansprüche in die raumplanerischen Instrumente integriert werden.

Tatsächlich zeigen sich solche Ansätze auf der anderen Seite schon gegenwärtig in der Planungspraxis. So werden langfristig die Erarbeitung von sachlichen Teilregionalplänen für Erneuerbare Energien auf der regionalen Ebene sowie Klimaschutz- und Energiekonzepte auf der örtlichen Ebene zunehmend als sinnvoll angesehen, weil sich die Nutzungsansprüche der Erneuerbaren Energien insgesamt auf den Außenbereich fokussieren. In besonderem Maße gilt dies momentan für Windenergie- und Biomasseanlagen.

---

[166] Zur Berücksichtigung „mitgezogener" Anlagen, vgl. oben VI. 1.
[167] Vgl. oben III. 2.2.
[168] Dies gilt insbesondere für die Städte und Gemeinden in den südlichen Bundesländern.

VI Die Umnutzung von begünstigten Vorhaben nach § 35 Abs. 4 BauGB[1]

Reinhard Sparwasser[2]

1. Genehmigungsfragen und Planung

Warum sollte sich der Planer mit Genehmigungsfragen beschäftigen, zumal im Außenbereich, der doch *per definitionen* nicht beplant ist – und heute möglichst auch nicht überplant wird? Das Interesse ergibt sich aus einer Reihe von planerischen Fragestellungen, die ich nur kurz anreißen möchte: Ein beantragtes Vorhaben soll verhindert werden: Reicht die baurechtliche Entscheidung – ist es also unzulässig? – oder bedarf es einer (Verhinderungs-)Planung? Ein bestimmtes Baurecht soll planerisch ausgeschlossen sein: Für die Abdeckung ist (mit-)entscheidend, ob das Baurecht bestand – und sogar, wie lange. Auch die Entschädigungsfragen nach §§ 30 BauGB, insbesondere nach § 42 BauGB knüpfen an das Bestehen eines Baurechts an. Gründe genug also, sich auch als Planer mit § 35 Abs. 4 BauGB zu befassen.

2. Grundgedanken und Regelungsgeschichte

§ 35 Abs. 4 BauGB fristet jedenfalls in der allgemeinen Wahrnehmung im Rahmen der bauplanungsrechtlichen Zulässigkeitstatbestände eher ein Schattendasein. Das liegt nicht an der Bedeutung der Vorschrift. Die JURIS-Suche ergibt immerhin allein zur Rechtsprechung 357 Treffer, darunter 62 Entscheidungen des BVerwG. Die Vorschrift ist aber auch ausgesprochen kleinteilig und zersplittert. Ihre Bedeutungsgehalte ergeben sich erst unter Verwendung einer *umfangreichen Kasuistik*.

Im Kern geht es um eine *Begünstigung* für bestimmte Nutzungsänderungen und Ersatz- und Erweiterungsbauvorhaben im Außenbereich. Erforderlich wurde die Regelung durch die restriktive Rechtsprechung des BVerwG zum *Bestandsschutz*, auf den dann noch näher einzugehen ist. Damit bin ich auch schon bei der *Regelungsgeschichte*:

Nach einer Entscheidung des BVerwG vom 15.11.1974[3] musste ein privilegiertes Gebäude nach Wegfall der privilegierten Nutzung abgebrochen werden. Im Ergeb-

---

[1] Schriftfassung des Vortrags auf der Wissenschaftlichen Fachtagung „Planen und Bauen im Außenbereich" an der TU Berlin, 14.09.2009.
[2] Der Verfasser ist Rechtsanwalt und Fachanwalt für Verwaltungsrecht sowie Honorarprofessor an der Albert-Ludwigs-Universität Freiburg, www.shp-rechtsanwaelte.de.

nis müsste also ein Landwirt nach Aufgabe der Landwirtschaft auch sein bisheriges Wohnhaus – jetzt nicht mehr privilegiert – abreißen.

Der durch die BBauG-Novelle **1976** neu geschaffene § 35 Abs. 4 regelte daher jetzt neu die Nutzungsänderung eines einem landwirtschaftlichen Betrieb dienenden Gebäudes. Ihr sollten die klassischen *Beeinträchtigungen öffentlicher Belange* – dazu die insbesondere - Regelung des § 35 Abs. 3 BauGB – nicht mehr entgegengehalten werden können, nämlich

- Widerspruch zum Flächennutzungsplan,
- Beeinträchtigung der natürlichen Eigenart der Landschaft und
- Entstehung, Verfestigung oder Erweiterung einer Splittersiedlung.

Nach der Gesetzesbegründung[4] sollte dies dem Strukturwandel in der Landwirtschaft Rechnung tragen. Dem entspricht heute noch § 35 Abs. 4 Nr. 1 BauGB. Man könnte hier von einer Privilegierung durch Fortsetzungszusammenhang sprechen.

Eine entsprechende Vergünstigung begründete § 35 Abs. 5 BauGB damals für Ersatzbauten für Wohngebäude, die nicht mehr modernen Wohnverhältnissen entsprachen, für den Wiederaufbau von Gebäuden, die Brand oder anderen außergewöhnlichen Ereignissen zum Opfer gefallen waren, sowie Änderung und Nutzungsänderung kulturhistorisch bedeutsamer Gebäude. In den Grundzügen ähnlich ist dies heute noch in den Nrn. 2 – 4 des § 35 Abs. 4 geregelt.

1979 erlaubte § 35 Abs. 5 Nrn. 4 und 5 die Erweiterung eines eigengenutzten Wohnhauses (heute ähnlich in § 35 Abs. 4 Nr. 5) und eine angemessene Erweiterung eines Gewerbebetriebs, wenn sie notwendig war, um die Fortführung des Betriebs zu sichern (in abgespeckter Form aufrecht erhalten in § 35 Abs. 4 Nr. 6 BauGB).

Das **BauGB-MaßnG von 1990** ließ bei der Umnutzung landwirtschaftlicher Gebäude zu Wohnzwecken jetzt auch wesentliche Änderungen zu. Die Zahl der nicht privilegierten Wohnungen wurde auf 3 begrenzt.

Das **Investitionserleichterungs- und Baulandgesetz von 1993** sorgte für noch etwas mehr Zersplitterung (Wohngebäude einerseits, sonstige Gebäude andererseits) und begrenzte die Frist zwischen Aufgabe der privilegierten Nutzung und der Aufnahme der Neunutzung auf fünf Jahre.

Das **BauROG 1998** führte wieder alles ins BauGB zurück, erfreute die Lieferanten von Loseblattnachlieferungen und beglückte die Anwender durch eine weitere Gliederungsebene im Gesetzestext, jetzt auch mit Buchstaben.

---

[3] BVerwGE 47, 185.
[4] BT-Drs. 7/2496.

3. Verhältnis zum Bestandsschutz

§ 35 Abs. 4 BauGB lässt sich am besten begreifen als *Variationen über das Thema Bestandsschutz*. § 35 Abs. 4 weitet den Bestandsschutz erheblich aus, regelt ihn dann aber auch *abschließend*. Dies hat das BVerwG[5] erst jüngst wieder bestätigt: Im Bereich des § 35 Abs. 4 ist für einen Rückgriff auf Art. 14 GG und seine Eigentumsgarantie kein Raum.

Und wenn wir schon bei der Systematik sind: Als *Ausnahmevorschrift* ist § 35 Abs. 4 BauGB eng auszulegen[6] – Ausnahme ist hier gemeint: vom Grundsatz der Freihaltung des Außenbereichs, natürlich von Bebauung.

Die Eigentumsgarantie des Art. 14 GG umfasst auch den *Bestandsschutz* für ein zulässigerweise errichtetes Gebäude. Bestandsschutz umfasst *Substanzschutz und Wertschutz*. Wertschutz bedeutet die Gewährleistung des Vermögenswerts bei Wegfall der Substanz, z. B. aufgrund Enteignung nach Art. 14 Abs. 3 GG zum Wohl der Allgemeinheit für entsprechend gewichtige öffentliche Belange. Der Abbruch eines bestandsgeschützten Gebäudes im Außenbereich wegen Verletzung öffentlicher Belange kann aber jedenfalls aus bauplanungsrechtlichen Gründen nicht gefordert werden, weil es hierfür an einer ausdrücklichen Entschädigungsregelung im BauGB fehlt[7]. Anderes gilt bekanntlich für die Nutzungsuntersagung.

Bestandsschutz setzt Identität zwischen früherem Bauwerk und neuem Gebäude voraus, also ein in seiner Bausubstanz noch *im Wesentlichen vorhandenes und funktionsgerecht nutzbares Gebäude*. Er *erlischt* mit Abbruch. Entsprechendes gilt bei *weitgehenden Zerstörungen oder Veränderungen*. Daraus ergibt sich zugleich, dass Bestandsschutz einen *Ersatzbau* nicht rechtfertigen kann, und zwar auch dann nicht, wenn er sukzessive entsteht. Renovierungs- und Instandsetzungsarbeiten unterfallen als notwendige Maßnahmen zur Erhaltung des Gebäudes dem Bestandsschutz, nicht aber Ausbau- und Erweiterungsmaßnahmen. Der Bestandsschutz umfasst auch *allenfalls unwesentliche Nutzungsänderungen*, und er entfällt bei *nicht nur vorübergehender Stilllegung*, wobei vorübergehend max. zwei Jahre sind.

Schließlich wurde ein *überwirkender Bestandsschutz* diskutiert in dem Sinne, dass wegen der noch vorhandenen bestandsgeschützten Anlagen ein zusätzliches Vorhaben zulässig sein sollte, bejaht unter der Voraussetzung eines untrennbaren Funktionszusammenhangs und einer allenfalls geringfügigen Erweiterung. Dieser über-

---

[5] Beschluss vom 22.05.2007 – 4 B 14/07.
[6] Beschluss vom 27.07.1994 – 4 B 48/94.
[7] Dazu *Dürr*, in: Brügelmann/ Dürr, BauGB, Komm., Loseblatt, Stand Febr. 2000, § 35 Rn. 117 f.

wirkende Bestandsschutz wird jetzt – unter Berufung auf die ausdrückliche Regelung im BauGB – aufgegeben[8].

Wie aber sieht jetzt die – hier allein maßgebliche – *einfachgesetzliche Ausgestaltung* aus?

4. Wesentliche Inhalte und Anwendungsfälle

§ 35 Abs. 4 BauGB nennt wie gesagt einige der in Abs. 3 angeführten öffentlichen Belange. Diese können einem begünstigten Vorhaben i. S. d. Abs. 4 nicht entgegengehalten werden. Der Sache nach handelt es sich um eine eingeschränkte Privilegierung der entsprechenden Vorhaben. Sonstige öffentliche Belange sind aber weiter uneingeschränkt zu beachten, das Vorhaben muss also jedenfalls außenbereichsverträglich im Übrigen sein.

Jetzt zu den einzelnen Tatbeständen:

4.1 Nutzungsänderung landwirtschaftlich genutzter Gebäude (Nr. 1)

Nr. 1 betrifft die Nutzungsänderung landwirtschaftlich genutzter Gebäude – sozusagen die Mutter der Begünstigungstatbestände. Damit soll der Strukturveränderung in der *Landwirtschaft* Rechnung getragen werden[9].

Das Bauvorhaben muss bisher nach § 35 Abs. 1 Nr. 1 privilegiert gewesen sein, also einem land- oder forstwirtschaftlichen Betrieb gedient haben. Die Begünstigung kann daher nur einmal in Anspruch genommen[10], also bspw. nicht übertragen werden auf Wohnung und dann auf Gewerbe oder umgekehrt. Voraussetzung ist die *tatsächliche Nutzung, Genehmigung allein* reicht nicht aus, *fehlende Genehmigung* soll nicht schaden.

Die „*Bausubstanz*" muss „erhaltenswert" sein (Merksatz: Ruinen genießen keinen Bestandsschutz)[11], Nr. 1a.

Dafür kommt es auf die Außenmauern an, aber auch auf das Dach, weil diese zusammen die „*äußere Gestalt*" des Gebäudes bestimmen, Nr. 1b. Veränderungen im Inneren, auch mit beträchtlichem Aufwand, schließen die Begünstigung nicht aus. Dies gilt selbst für die sog. Entkernung[12].

---

[8] BayVGH, Beschl. v. 25.09.2003 – 22 ZB 03.2110, 22 ZB 03.2111, 22 ZB 03.2112, NVwZ-RR 2004, 94; zum ganzen auch *Dürr*, a. a. O., Rn. 122 m. w. N.
[9] BT-Drs. 7/2496, S. 49 zur Fassung von 1976.
[10] VG Sigmaringen, U. v. 25.11.2004 – 6 K 1113/04; so auch schon *Dürr*, a. a. O., Rn. 127.
[11] Vgl. BVerwG, U. v. 18.09.2984 – 4 B 203.84 = NVwZ 1984, 183.
[12] Dazu *Dürr*, a. a. O., Rn. 130 m. w. N.

Bei der umstrittenen Umwandlung einer Scheune in ein Wohnhaus kommt es wohl entscheidend darauf an, ob die Außenhaut erhalten bleibt. Da es aber nur auf die „*äußere Gestalt*" ankommt, dürfen sogar größere Teile der Außenmauern oder des Dachs entfernt und dann gleichartig wieder errichtet werden. Nicht der Bauaufwand, sondern die städtebauliche Auswirkung sei entscheidend[13]. Richtigerweise dürfte eher eine Abwägung geboten sein.

Über den Wortlaut hinaus umfasst die Begünstigung nicht nur Nutzungsänderungen, sondern auch die dafür erforderlichen *baulichen Änderungen*, weil nur die „äußere Gestalt ... im Wesentlichen gewahrt" bleiben muss (vgl. Nr. 1b).

Die Aufgabe der bisherigen Nutzung darf nicht länger als sieben Jahre zurückliegen, gemessen seit der tatsächlichen, nach außen hin erkennbaren Nutzungsaufgabe bis zum Eingang des Antrags auf Erteilung einer Baugenehmigung. Ausreichen soll auch die tatsächliche Aufnahme der geänderten Nutzung (zu Buchstabe c).

Das zu ändernde Gebäude muss vor mehr als sieben Jahren errichtet worden sein (zu Buchstabe d).

Buchstabe e) verlangt einen *räumlich*-funktionalen Zusammenhang mit der Hofstelle. Wichtig ist der Gedankenstrich, und zu unterstreichen ist räumlich, bezogen auf die Vorgängernutzung.

Buchstabe f) begrenzt die Umwandlung auf insgesamt drei Wohnungen auf der Hofstelle – ohne Anrechnung der bereits nach § 35 Abs. 1 Nr. 1 privilegierten Wohnungen und etwaiger Ferienwohnungen[14].

Buchstabe g) verlangt den Verzicht auf eine Neubebauung als Ersatz für die aufgegebene Nutzung, zu sichern durch Baulast oder bspw. Grunddienstbarkeit.

4.2 Ersatzbauvorhaben für abgängige Wohngebäude (Nr. 2)

Nr. 2 begünstigt Ersatzbauvorhaben für abgängige Wohngebäude. Nach etlichen Änderungen im Laufe der verschiedenen Novellen knüpft das Gesetz jetzt nur noch an den vorhandenen Baubestand an. Die Vergünstigung gilt aber nur für Wohngebäude, nicht also für Wochenend- oder Ferienhäuser. Unschädlich ist die Nutzung einzelner Räume zu anderen Zwecken. Schließlich muss es sich um ein gleichartiges Gebäude an gleicher Stelle handeln. Dies schließt geringfügige Erweiterungen gegenüber dem bisherigen Gebäude und geringfügige Abweichungen vom bisherigen Standort nicht aus, vgl. § 35 Abs. 4 S. 2.

---

[13] *Krautzberger*, in: Battis/ Krautzberger/ Löhr, 10. Auflage 2007, § 35 Rn. 90.
[14] *Söfker*, in: Ernst/ Zinkahn/ Bielenberg/ Krautzberger, BauGB, Komm., Loseblatt, Stand: Juli 2006, § 35 Rn. 145.

Das zu ersetzende Gebäude muss zulässigerweise errichtet worden sein, Buchstabe 2a). Ausreichend ist die Rechtmäßigkeit bei Errichtung, anzunehmen auch bei Gebäuden aus einer Zeit, bevor es baurechtliche Vorschriften gab. Aufgrund der Feststellungswirkung einer Baugenehmigung setzt sich diese auch über die etwaige materielle Rechtswidrigkeit hinweg[15].

Das vorhandene Gebäude muss Missstände oder Mängel aufweisen, Buchstabe b). Voraussetzung dafür soll sein, dass ein Bewohnen des Hauses zu gesundheitlichen Nachteilen führen kann[16]. Zumindest rechtspolitisch überlegenswert ist es, keine Neuerrichtung, wohl aber eine wesentliche Änderung auch dann zuzulassen, wenn sie der Energieeinsparung und dem Klimaschutz dient. In Hinblick auf den hohen Stellenwert des Schutzes des Außenbereichs ist dabei freilich Zurückhaltung geboten.

Nach Buchstabe c) muss das vorhandene Gebäude seit längerer Zeit vom Eigentümer selbst genutzt werden. Der Bauherr muss daher den zu ersetzenden Altbau über einen längeren Zeitraum als Eigentümer oder Familienangehöriger des Eigentümers oder zumindest als Mieter oder Familienangehöriger des Mieters bewohnt haben. Allgemein gilt eine Spanne von vier Jahren als Mindestbetrag einer längeren Zeit[17]. Hinzukommen muss die Kontinuität der Eigennutzung bis zum Abbruch[18].

Nach Buchstabe d) müssen Tatsachen die Annahme rechtfertigen, dass der Ersatzbau dem Eigenbedarf des bisherigen Eigentümers oder seiner Familie dient. Da Tatsachen die Zukunft kaum beweisen können, wird die entsprechende Voraussetzung immer dann vorliegen, wenn nicht umgekehrt Anhaltspunkte für das Fehlen der nämlichen Voraussetzungen vorliegen, wobei Zweifel zu Lasten des Bauherren gehen, der ja das Vorliegen seiner Genehmigungsvoraussetzungen beweisen muss[19].

Offen lässt der Wortlaut, was neben dem Eigenbedarf des Antragstellers noch möglich ist, bspw. in Hinblick auf Ferienwohnungen. Der Grundsatz des bestmöglichen Schutzes des Außenbereichs spricht für eine zurückhaltende Zulassung eigentümerfremder Nutzungen.

4.3 Wiederaufbau zerstörter Gebäude (Nr. 3)

§ 35 Abs. 4 Nr. 3 BauGB ermöglicht den alsbaldigen Wiederaufbau eines zulässigerweise errichteten Gebäudes, das durch ein außergewöhnliches Ereignis zerstört wurde. Auch in diesem Fall ist der Bestandsschutz erloschen.

---

[15] BVerwGE 58, 124.
[16] Dazu *Dürr*, a. a. O., Rn. 136.
[17] *Söfker*, a. a. O., Rn. 138.
[18] BVerwG, U. v. 10.03.1988 – 4 B 41.88 = NVwZ 1989, 355.
[19] Dazu *Dürr*, a. a. O., Rn. 138.

Zunächst muss es sich um ein zulässigerweise errichtetes Gebäude handeln, genau wie zu Nr. 2. Anders als Nr. 2 für Wohngebäude umfasst Nr. 3 alle Arten von Gebäuden. Um ein Gebäude muss es sich aber handeln (nicht: Stellplätze, Lagerplätze, Silos, Einfriedigungen und Sportplätze).

Das alte Gebäude muss durch Brand, Naturereignisse oder andere außergewöhnliche Ereignisse zerstört worden sein. Nicht erforderlich ist eine Naturkatastrophe, vielmehr genügen auch Unglücksfälle durch menschliches oder technisches Versagen (Flugzeugabsturz, Gasexplosion, Verkehrsunfall oder mutwillige Zerstörung durch Dritte).

Umstritten ist, ob ein außergewöhnliches Ereignis auch dann vorliegt, wenn der Eigentümer selbst es verursacht hat. Das BVerwG[20] hat dies ohne nähere Begründung verneint. Richtigerweise wird man unterscheiden müssen: Bei Vorsatz scheidet die Anwendung der Begünstigungsregel aus, was sich schon aus einer systematischen Betrachtung des Abs. 4 ergibt: Nr. 3 stellt den Eigentümer teilweise freier als Nr. 2. Diesen Vorteil darf sich der Eigentümer nicht selbst bewusst – bspw. durch Brandstiftung – verschafft haben. Die Zerstörung des Gebäudes muss also gegen den Willen des Eigentümers erfolgt sein. Dagegen macht es keinen Unterschied, ob das Gebäude durch Blitzschlag, Brandstiftung oder Unachtsamkeit eines Hausbewohners zerstört wurde[21].

Als vorsätzlich in diesem Sinne, zumindest aber als bedingt vorsätzlich, was ausreicht, muss aber auch angesehen werden, wenn das Gebäude durch altersbedingten Verfall oder mangelnde Unterhaltung zerstört wurde: Darin liegt kein außergewöhnliches Ereignis.

Die geforderte alsbaldige Neuerrichtung soll vorliegen, solange sich die Allgemeinheit noch nicht auf ein Unterbleiben des Wiederaufbaus eingestellt hat, oder etwas weniger blumig und im Sinne der bei Juristen beliebten Dreiteilung: Alsbaldigkeit liegt vor, wenn die Absicht des Aufbaus innerhalb eines Jahres ernsthaft bekundet wird, im zweiten Jahr „im Regelfall" und nach Ablauf von zwei Jahren „in aller Regel" nicht. Dieses von der Rechtsprechung selbst sog. Zeitstufenmodell (seit Urteil vom 21.08.1981, a. a. O.)[22] lässt abweichende Beurteilungen im Einzelfall zu, bspw. unter anderem mit Rücksicht auf den Umfang des Vorhabens und den damit verbundenen Planungs- oder Finanzierungsbedarf oder – auch das soll vorkommen – ein längeres Genehmigungsverfahren. Maßgeblich ist die objektive Situation, also was von außen erkennbar ist.

Zur Gleichartigkeit an gleicher Stelle kann wieder auf das Vorstehende verwiesen werden. Erforderlich ist die Übereinstimmung in Größe, Nutzung und Funktion.

---

[20] BVerwG, U. v. 09.10.1981 – 4 C 66.60 = NVwZ 1982, 374.
[21] So auch *Dürr*, a. a. O., Rn. 143 m. w. N.
[22] Zuletzt BVerwG, Beschl. v. 05.06.2007 – 4 B 20/07, BauR 2007, 1697.

Gleichartig ist nicht gleich gleich, so dass wieder hinreichend Auslegungsspielräume verbleiben.

4.4 Änderung oder Nutzungsänderung von erhaltenswerten, die Kulturlandschaft prägenden Gebäuden (Nr. 4)

Nr. 4 begünstigt die Änderung oder Nutzungsänderung von erhaltenswerten, das Bild der Kulturlandschaft prägenden Gebäuden. Dem liegt eine gesetzlich vorweggenommene Abwägung zugrunde zwischen wirtschaftlich erzwungenen Änderungen einerseits, der Erhaltung eines schützenswerten Landschaftsbildes andererseits. Die Grenzen einer möglichen Änderung sind überschritten, wenn die Eigenart des Gebäudes und damit der Grund für seinen besonderen Schutz verloren geht.

Eine Vergrößerung soll ausgeschlossen sein, was sich bei systematischer Betrachtung aus Abs. 4 S. 2 ergibt: Hier geht es um geringfügige Erweiterungen, die in Nr. 4 gerade nicht in Bezug genommen werden. Dafür spricht auch schon der Wortlaut, der zwischen Änderung und Erweiterung unterscheidet.

Prägende Gebäude müssen typisch sein, Beispiele sind Bauernhöfe, Moorsiedlungen oder Almhütten, glücklicherweise aber noch nicht Windkrafträder und Mobilfunkmasten. Denkmalschutz erleichtert die Anwendung, ist aber nicht Voraussetzung und reicht manchmal auch nicht aus (Beispiel: Radaranlagen auf dem Feldberg, Brückenbauwerke). Beide scheiden aber schon deshalb aus, weil es sich dabei auch nicht um Gebäude handelt, was aber Voraussetzung ist.

Erhaltenswert bedeutet einen Zustand, der nicht auf eine Neuerrichtung hinausläuft. Die Änderung oder Nutzungsänderung muss einer zweckmäßigen Verwendung des Gebäudes und der Erhaltung des Gestaltswerts dienen. Dienen ist ebenso zu verstehen wie im Rahmen der Privilegierungstatbestände des § 35 Abs. 1 Nr. 1. Zu fragen ist also, ob ein vernünftiger Gebäudeeigentümer unter Beachtung des Gebots der möglichsten Schonung des Außenbereichs eine nach Art und Umfang vergleichbare Änderung oder Nutzungsänderung vorgenommen hätte. Zweckmäßige Verwendung ist sowohl funktional als auch ökonomisch zu beurteilen.

4.5 Erweiterung von Wohngebäuden (Nr. 5)

Nr. 5 erlaubt eine angemessene Erweiterung von zulässigerweise errichteten Wohngebäuden zur Gewährleistung angemessener Wohnverhältnisse.

Die Vorschrift begünstigt Gebäude mit max. zwei Wohnungen. Die zweite Wohnung ist aber nur zulässig, wenn das gesamte Gebäude vom Eigentümer und seiner Familie genutzt wird.

Außerdem muss das Wohnhaus zulässigerweise errichtet sein. Die gewerbliche oder freiberufliche Nutzung einzelner Räume stört nicht. Die Erweiterung muss aber der Verbesserung der Wohnsituation dienen, darf also nicht auf gewerblich genutzte Räume oder die Schaffung einer Ferienwohnung gerichtet sein.

Zulässig ist auch nur eine angemessene Erweiterung, was die Errichtung eines weiteren Gebäudes ausschließt, und zwar auch bei einer Verbindung mit dem vorhandenen. Schließlich darf die Erweiterung nicht zu einer qualitativen Veränderung führen, bspw. vom Häuschen zur Villa. Richtigerweise kann die Schaffung einer zweiten Wohnung bei Wahrung der übrigen Voraussetzungen angemessen sein. Entsprechendes gilt dann auch bei Aufteilung eines einheitlichen Gebäudes in zwei Hälften zu einem Doppelhaus. Dieses kann aber nicht weiter gezellteilt werden, etwa durch eine Grundstücksteilung, um dann jede Doppelhaushälfte wiederum neu zu teilen.

Nach Buchstabe b) muss die Erweiterung im Verhältnis zum vorhandenen Gebäude und unter Berücksichtigung der Wohnbedürfnisse angemessen sein. Dazu muss sie zunächst größenmäßig untergeordnet sein, was bspw. eine Verdoppelung der Wohnfläche grundsätzlich ausschließt. Ausnahmen sollen gelten bei einem sehr kleinen Haus, sonst soll schon eine Erweiterung von mehr als 20 - 25 % nicht mehr angemessen sein.

Grundsätzlich sind wohl auch mehrere aufeinanderfolgende Erweiterungen zulässig, wenn sie nicht in zu kurzer Zeit aufeinanderfolgen und damit als Umgehung des Angemessenheitserfordernisses erscheinen.

Eine Wohnung ist gekennzeichnet durch eine Summe von Räumen zur Führung eines Haushalts mit – als Mindestausstattung – Küche oder Kochgelegenheit, Wasserversorgung, Ausguss und WC. Praktisch kommt es hier immer wieder – wie auch schon bei der Zweiwohnungsklausel – zu Umgehungsversuchen durch Tarnung einer zweiten Küche als Abstellkammer, eines Bads als Fitnessraum und dergleichen mehr. Dies ist aber eine Frage der Bauüberwachung.

Das gesamte Gebäude muss künftig vom Eigentümer oder seiner Familie genutzt werden, was aber unabhängig von der bisherigen Nutzung ist (anders: oben Nr. 2).

Nicht zur Familie gehören Pflegepersonen, Haushaltshilfen und dergleichen mehr. Dagegen dürfen einzelne Zimmer einer Wohnung von solchen Personen bewohnt werden[23].

---

[23] Zum ganzen *Dürr*, a. a. O., Rn. 158.

4.6 Erweiterung eines Gewerbebetriebs (Nr. 6)

Nr. 6 erlaubt die angemessene Erweiterung eines Gewerbebetriebs. Der Begriff des gewerblichen Betriebs entspricht dem des Privilegierungstatbestands in § 35 Abs. 1 Nr. 3. Anders als nach § 1 GewO oder § 18 EStG erfasst er auch Urproduktion und Freie Berufe, weil diese sich – städtebaulich – nicht anders verhalten als gewerbliche Betriebe im engeren Sinne.

Eine wichtige Abgrenzung betrifft die Lage des Betriebs. So erfasst die Bestimmung nur Betriebe im Außenbereich, nicht aber Betriebe im Innenbereich, die sich in den Außenbereich erweitern wollen. Hintergrund ist der Respekt vor der kommunalen Planungshoheit, der der Entscheidung vorbehalten bleiben muss, den bebauten Bereich in den Außenbereich hinein zu erweitern.

Weiter erforderlich ist eine angemessene Erweiterung im Verhältnis zum vorhandenen Betrieb und zum vorhandenen Gebäude. Ein Betrieb ohne Gebäude reicht daher nicht aus. Schließlich muss ein funktionaler Zusammenhang zwischen Gewerbebetrieb und Erweiterungsbauvorhaben bestehen, und das Erweiterungsbauvorhaben muss dem vorhandenen Gebäude und dem vorhandenen Betrieb untergeordnet sein.

Der Gewerbebetrieb muss noch bestehen. Nicht erforderlich ist die Betreiberidentität.

Erweiterung eines Gewerbebetriebs ist die räumliche Ausdehnung, nicht auch eine bloße Produktionsweisenänderung.

Die Angemessenheit der Erweiterung ist erforderlich sowohl hinsichtlich des Gebäudebestands als auch hinsichtlich des Betriebs. Quantitativ kommt es auf den vorhandenen Gebäudebestand an, und zwar unter Ausschluss etwa bestehender Wohngebäude oder -räume.

Nicht angemessen ist eine Betriebserweiterung, wenn hinreichend gewerbliche Räume vorhanden sind, aber für betriebsfremde Zwecke genutzt werden, z. B. durch Vermietung an Dritte.

Spannend ist die Frage nach dem Umfang der möglichen Betriebserweiterung. Aus einer Sichtung der hierzu vertretenen Auffassungen in Rechtsprechung und Literatur schält sich eine Obergrenze von 20 - 25 % heraus[24]. Auch bei dieser schwierigen und etwas willkürlich anmutenden Bestimmung des Schwellenwerts ist die Systematik zu beachten: Der Charakter des § 35 Abs. 4 als Ausnahmevorschrift legt eine im Zweifel enge Auslegung nahe. Dies muss sich auch bei der Bestimmung des Schwellenwerts niederschlagen.

---

[24] Dazu *Dürr*, a. a. O., Rn. 165 m. w. N.

Die Erweiterung muss auch hinsichtlich der Betriebsart angemessen sein, dem bisherigen Gewerbebetrieb also funktional entsprechen. Daraus ergeben sich quantitative und qualitative Grenzen. Diese erfordern insbesondere einen funktionellen Zusammenhang (Beispiele: Gaststätte plus Hotel, Tankstelle plus Kfz-Reparaturwerkstatt, Sportanlage plus Imbissstand, Campingplatz plus Kiosk, Tankstelle plus Autowaschanlage). Unüblichkeit der Erweiterung spricht gegen die Angemessenheit[25].

Hinsichtlich einer mehrmaligen Erweiterung eines Gewerbebetriebs erscheint eine differenzierte Betrachtung angemessen. Insbesondere geht es darum, Umgehungsversuchen einen Riegel vorzuschieben, also eine Salamitaktik abzuwehren. Davon kann keine Rede sein, wenn ein insgesamt erfolgreich wachsender Betrieb jeweils nach Ablauf mehrerer Jahre wiederum maßvolle Erweiterungen vornimmt.

5. Gemeinsame Voraussetzungen

5.1 Geringfügigkeit von Erweiterungen und Standortverschiebungen

Nach Betrachtung dieser Einzeltatbestände des Abs. 4 Satz 1 wenden wir uns dem für alle geltenden Satz 2 zu: Nach § 35 Abs. 4 Satz 2 sind in bestimmten Fällen geringfügige Erweiterungen und geringfügige Standortverschiebungen zulässig. Hierauf wurde schon bei den betreffenden Einzeltatbeständen hingewiesen.

5.2 Schonung des Außenbereichs (Abs. 5)

Noch allgemeiner und daher in einem eigenen Absatz – gleichsam hinter die Klammer gezogen – bestimmt § 35 Abs. 5 Satz 1: Die nach den Abs. 1 - 4 zulässigen Vorhaben sind in flächensparender, bodenfreundlicher und den Außenbereich schonender Weise auszuführen. Diese Beschränkungen gehen schon in die Auslegung des Begriffs des Dienens i. S. d. Abs. 1 Nrn. 1 und 3 und der Angemessenheit i. S. d. Abs. 4 Nrn. 5 und 6 ein. Ein den Außenbereich unangemessen in Anspruch nehmendes Vorhaben ist von vornherein unzulässig.

5.3 Nicht baurechtliche Voraussetzungen

Hinsichtlich der nicht baurechtlichen Voraussetzungen ist insbesondere auf den Naturschutz zu verweisen, beispielsweise Fragen des Artenschutzes, die natürlich ebenfalls abgearbeitet werden müssen und von den Zulässigkeitstatbeständen des § 35 Abs. 4 BauGB nicht verdrängt werden.

---

[25] Ebenda, Rn. 167.

6. Neuere Entscheidungen

Gewaltige Umstürze unser Thema betreffend sind aus den Tempeln des Rechts nicht zu vermelden: Das meiste an Rechtsprechung des BVerwG sind Beschlüsse, die Nichtzulassungsbeschwerden zurückweisen, weil ohnehin alles geklärt sei. Ich beschränke mich auf wenige Einzelentscheidungen des hier zuständigen 4. Senats:

Nach seiner Entscheidung vom 05.06.2007 – 4 B 20/07 – zu Nr. 3 BauGB ist ein bauaufsichtlich genehmigtes Gebäude dann „zulässigerweise errichtet", wenn es bauaufsichtlich genehmigt oder zwar ohne Genehmigung errichtet worden war, aber wegen seiner materiellen Legalität Bestandsschutz genoss. In beiden Fällen wäre das Gebäude zwar zum Zeitpunkt seiner Zerstörung nicht genehmigungsfähig gewesen, weil es zu diesem Zeitpunkt mit der materiellen Rechtslage nicht (mehr) vereinbar war. Die erteilte Baugenehmigung oder die in der Vergangenheit gegebene Genehmigungsfähigkeit hätten das Gebäude jedoch gegenüber einer Beseitigungsanordnung geschützt. § 35 Abs. 4 Satz 1 Nr. 3 BauGB ermögliche die Wiedererrichtung solcher Vorhaben, die im Zeitpunkt ihrer Zerstörung Bestandsschutz genossen. Darin liege aber auch die Grenze des Anwendungsbereichs der Vorschrift: Hatte das Gebäude, auch wenn es früher einmal formell oder materiell rechtmäßig errichtet worden war, seinen Bestandsschutz später eingebüßt, so war es nicht (mehr) zulässigerweise errichtet.

Nach der Entscheidung vom 22.05.2007 – 4 B 14/07 – knüpft die Rechtsprechung des Senats zum planungsrechtlichen Bestandsschutz nicht mehr wie früher unmittelbar an Art. 14 Abs. 1 Satz 1 GG an. Mit § 35 BauGB habe der Gesetzgeber für die bauliche Nutzung des Außenbereichs eine Inhalts- und Schrankenbestimmung im Sinne des Art. 14 Abs. 1 Satz 2 GG getroffen. Speziell bei § 35 Abs. 4 BauGB handelt es sich um die gesetzliche Ausgestaltung der von der Rechtsprechung für den Außenbereich entwickelten Grundsätze des Bestandsschutzes und der eigentumskräftig verfestigten Anspruchsposition. Sind die in dieser Vorschrift genannten Tatbestandsvoraussetzungen nicht erfüllt, so scheidet Art. 14 Abs. 1 Satz 1 GG als Grundlage für einen Zulassungsanspruch von vornherein aus.

Laut Beschluss vom 14.03.2006 – 4 B 10/06 – können Gebäude, die einem landwirtschaftlichen Betrieb dienen, nur dann eine Hofstelle im Sinne des § 35 Abs. 4 Satz 1 Nr. 1 Buchst. e BauGB bilden, wenn jedenfalls eines der Gebäude ein landwirtschaftliches Wohngebäude ist. Der Wortlaut des § 35 Abs. 4 Satz 1 Nr. 1 BauGB lege diese Auslegung nahe. Jedenfalls in der Vergangenheit habe der Landwirt auf der Hofstelle in der Regel auch gewohnt. Ob das Wohnen nach dem Wortsinn zwingend zu einer Hofstelle gehört, kann dahinstehen, denn aus der Entstehungsgeschichte ergibt sich, dass das Gesetz die Verbindung von Wohnen und Arbeiten verlangt.

Auch der Beschluss vom 10.10.2005 – 4 B 60/05 – bestätigt gefestigte Rechtsprechung: Nach § 35 Abs. 4 Satz 1 Nr. 2 Buchst. c BauGB genügt es nicht, dass das vorhandene Gebäude seit längerer Zeit im Eigentum des Bauherrn steht. Der Eigentümer muss das Wohngebäude über längere Zeit ununterbrochen bis zur Neuerrichtung eines gleichartigen Ersatzbaus selbst genutzt haben. Entgegen der Auffassung des Klägers will § 35 Abs. 4 Satz 1 BauGB nicht ausschließlich Spekulationen mit sanierungsbedürftigen Gebäuden im Außenbereich verhindern. Vielmehr soll die Erleichterung denjenigen zugutekommen, die sich „längere Zeit" mit den beengten Wohnverhältnissen abgefunden und damit unter Beweis gestellt haben, dass dieses Wohnhaus für sie im Familienleben eine bedeutende Rolle spielt. Demgegenüber sollte beispielsweise die Errichtung eines Ersatzbaus für eine Ferien- oder Wochenendhausnutzung nicht erleichtert werden.

Und mit Beschluss vom 19.02.2004 – 4 C 4/03 – stellt das BVerwG fest: Die Gleichartigkeit der Gebäude scheitert daran, dass die Klägerin im Neubau eine zweite Wohneinheit schaffen will. Wie § 35 Abs. 4 Satz 1 Nr. 1 Buchst. f) BauGB und § 35 Abs. 4 Satz 1 Nr. 5 BauGB zeigen, misst der Gesetzgeber der Zahl der Wohnungen im Außenbereich bodenrechtliche Bedeutung bei. Dem liegt die zutreffende Erkenntnis zugrunde, dass sich durch hinzukommende Wohneinheiten die Belastung des Außenbereichs, das heißt die Beeinträchtigung öffentlicher Belange, regelmäßig insofern verstärkt, als die natürliche Eigenart der Landschaft zusätzlich beeinträchtigt und der Verfestigung einer Splittersiedlung Vorschub geleistet wird. Mit der Zahl der Wohneinheiten steigt die Zahl der Haushalte und damit typischerweise die Zahl der Bewohner, nimmt der Kraftfahrzeugverkehr zu und wird die Ver- und Entsorgung aufwendiger. Die zweite Wohneinheit verleiht dem Neubau im Vergleich zum vorhandenen Altbau mithin eine andere Qualität. Das ist mit dem Tatbestandsmerkmal der Gleichartigkeit nicht vereinbar.

Je älter die Entscheidungen werden, mit desto mehr Vorsicht sind sie zu lesen: Wie gezeigt verändert jede der statistisch gesehen etwa alle gut zwei Jahre auf uns niedergehenden BauGB-Novellen auch § 35 Abs. 4 an einer durchschnittlich noch nicht bestimmten Zahl von Stellen. Wenn Sie also sorglos eine Entscheidung zitieren, laufen Sie mit zunehmendem Alter (der Vorschrift) Gefahr, dass sie auf den gegenwärtigen Gesetzeswortlaut gar nicht mehr passt. Deshalb zitiere ich auch keine weiteren Entscheidungen mehr, sondern schließe meinen Vortrag mit einem kurzen

7. Ausblick

An Abs. 4 wird weiter gebastelt. Wie viel Lobbyarbeit vorzugsweise der Landwirtschaft jeweils dahinter steckt, darf man mutmaßen. Ich will aber auch nicht einfach nur klagen, dass der Schutz des Außenbereichs immer weiter in den Hintergrund gerät, obwohl ich das so empfinde. Ich wünsche mir vor allem, dass nicht ohne größere Not immer weiter geändert wird, was in der Praxis oft noch gar nicht richtig angekommen ist. Rechtssicherheit beinhaltet auch ein Quantum Rechtskontinuität, und die verdient manchmal den Vorzug vor noch mehr – oft ja doch nur scheinbarer – Einzelfallgerechtigkeit.

VII Planerische Steuerung von Tierhaltungsbetrieben im Außenbereich

Wilhelm Söfker

1. Zur Ausgangslage: Tierhaltungsbetriebe als privilegiert zulässige Vorhaben im Außenbereich (§ 35 Abs. 1 BauGB)

Für die Steuerung von Tierhaltungsbetrieben durch Bauleitplanung ist ihre privilegierte Zulässigkeit im Außenbereich nach § 35 Abs. 1 BauGB von Bedeutung. Dabei sind landwirtschaftliche und gewerbliche Tierhaltungsbetriebe zu unterscheiden, wobei die letztgenannten auf Grund ihrer Größe und Auswirkungen auf die Entwicklungen der Städte und Gemeinden in besonderer Weise und aktuell Gegenstand von Überlegungen zur Steuerung im Rahmen der Bauleitplanung sind.

1.1 Tierhaltungsbetriebe als landwirtschaftlichen Betrieben dienende Vorhaben

Die privilegierte Zulässigkeit dieser Betriebe richtet sich nach § 35 Abs. 1 Nr. 1 in Verbindung mit § 201 BauGB. Verlangt wird u. a., dass „Landwirtschaft" vorliegt und dass das Vorhaben einem landwirtschaftlichen Betrieb „dient". Zu Abgrenzungsfragen bei großen Tierhaltungsbetrieben ist auf Folgendes hinzuweisen:

Durch das BauGB – Änderungsgesetz 2004[1] wurde **der Begriff der Landwirtschaft in § 201 BauGB** geändert. Die Tierhaltung ist dort mit der Maßgabe aufgenommen worden, dass „das Futter überwiegend auf den zum landwirtschaftlichen Betrieb gehörenden, landwirtschaftlich genutzten Flächen erzeugt werden kann". Mit dieser Ergänzung sollten einengende Beurteilungen, die zuvor teilweise vertreten wurden, vermieden werden, die davon ausgingen, dass nicht nur das Futter für die Tiere zu mehr als der Hälfte auf den zum landwirtschaftlichen Betrieb gehörenden Flächen erzeugt, sondern auch tatsächlich verfüttert werden musste (sog. konkrete Betrachtungsweise). Seit 2004 ist eindeutig die sog. abstrakte Betrachtungsweise geregelt[2]. Diese Regelung dürfte in der Tendenz die Einordnung auch größerer Betriebe als landwirtschaftliche Tierhaltung begünstigen.

---

[1] Europarechtsanpassungsgesetz Bau vom 24.6.2004, BGBl. I S. 1359.
[2] S. dazu Begründung zum Gesetzentwurf des Europarechtsanpassungsgesetz Bau, BT – Drucks. 15/2250 S, 62.

Die erforderliche **dienende Funktion des Betriebs** setzt eine bestimmte funktionale Beziehung des Vorhabens zum Betrieb voraus[3]. Ein Vorhaben dient einem landwirtschaftlichen Betrieb nur, wenn ein vernünftiger Landwirt – auch und gerade unter Berücksichtigung des Gebots größtmöglicher Schonung des Außenbereichs – dieses Vorhaben mit etwa gleichem Verwendungszweck und mit etwa gleicher Gestaltung und Ausstattung für einen entsprechenden Betrieb errichten würde und das Vorhaben durch diese Zuordnung zu dem konkreten Betrieb auch äußerlich erkennbar geprägt wird[4]. Der Begriff des Dienens verlangt mehr als nur, dass das Vorhaben für den Betrieb förderlich, jedoch nicht, dass es für den Betrieb notwendig oder unentbehrlich ist, etwa um die Fortführung des Betriebs zu sichern[5]. Erforderlich ist aber eine räumliche Nähe zu Schwerpunkten der betrieblichen Abläufe[6]. Dies schließt es aus, Vorhaben nach § 35 Abs. 1 Nr. 1 BauGB zu beurteilen, wenn die Betriebsflächen (Ackerflächen) oder Teile von ihnen, die für die Futtererzeugung im Sinne des § 201 BauGB zu verlangen sind, weit entfernt vom Vorhaben gelegen sind.

1.2 Tierhaltungsbetriebe als Vorhaben der gewerblichen Tierhaltung

Werden die Voraussetzungen eines landwirtschaftlichen Betriebs nicht erfüllt, stellt sich die Frage der Beurteilung eines entsprechenden Vorhabens der Tierhaltung (Stall usw.) als im Sinne des § 35 Abs. 1 BauGB privilegiert zulässig. Praxis und obergerichtliche Rechtsprechung stützen sich auf den Beschluss des BVerwG vom 27.03.1983 – 4 B 201.82 –[7]. U. a. führt das BVerwG aus: Es „liege auf der Hand", dass ein solches Vorhaben (Geflügelmaststall mit 180 000 Mastplätzen) nachteilige Auswirkungen auf die Umgebung im Sinne der Nr. 4 habe; im Sinne der Nr. 4 „solle es im Außenbereich ausgeführt werden", weiter dass es sich von gewerblichen oder industriellen Vorhaben unterscheide und dass es im konkreten Fall keinen Innenbereich gebe, in dem der Geflügelmaststall nach § 30 oder § 34 BauGB untergebracht werden könne. Diese Auffassung hat die obergerichtliche Rechtsprechung bis in jüngste Zeit[8] übernommen.

Diese Rechtsprechung wirft aber Fragen auf, auch unter Berücksichtigung der Rechtsgrundsätze, die das BVerwG in anderen Entscheidungen zur Anwendbarkeit des eng zu interpretierenden Auffangtatbestandes der Nr. 4 in § 35 Abs. 1 BauGB zu Grunde gelegt hat[9]. Unabhängig von der Frage der Anwendbarkeit dieses Privilegierungstatbestandes macht die Diskussion hierüber deutlich, welche städtebau-

---

[3] Vgl. BVerwG NVwZ-RR 1992,400.
[4] BVerwG BVerwGE 41,138=DVBl 1973,643.
[5] BVerwG BVerwGE 41,138; NVwZ-RR 1992,400.
[6] BVerwG BRS 40 Nr. 177; NVwZ 1986,644.
[7] BVerwG, Beschl. vom 27.6.1983 - 4 B 201.82 -, NVwZ 1984, 169 = ZfBR 1983, 284.
[8] Vgl. OVG Lüneburg, BRS 68, Nr. 118; Urt. vom 6.11.2007 – 12 ME 309/07 -; Urt. v. 6.4.2009 – 1 MN 289/08 -, BauR 2009, 1421; OVG Münster, Beschl. vom 2.6.2009 – 8 B 574/09 -.
[9] Dazu näher Söfker, NVwZ 2008, 1273 – 1278.

rechtlichen Folgen die Anwendung der Nr. 4 für große Teile des Bundesgebietes (namentlich in westlichen Teilen Niedersachsens und Nordrhein – Westfalens) hat. Dazu gehören: Schutz des Außenbereichs; Aufgabe des § 35 BauGB, sicherzustellen, dass sich die bauliche Entwicklung auf der Grundlage von Bebauungsplänen vollzieht; Anwendung der Nr. 4 auf eine Vielzahl von Vorhaben der Tierhaltung mit oft das gesamte Gemeindegebiet umfassenden Auswirkungen; allein privat bestimmte Entscheidung über den Standort der Tierhaltungsbetriebe außerhalb der Bauleitplanung ohne Abstimmung mit der (städte-) baulichen (Siedlungs-) Entwicklung der Gemeinden. Soweit diese städtebaulichen Auswirkungen bei Anwendung der Nr. 4 in der o. a. Rechtsprechung keine Berücksichtigung finden, können sie jedoch auch zur Rechtfertigung der – nachfolgend behandelten – Steuerung von Standorten der Tierhaltungsbetriebe durch Bauleitplanung herangezogen werden.

2. Steuerung von Standorten der Tierhaltungsbetriebe im Außenbereich durch Bauleitplanung

2.1 Überblick

Ausgehend von der privilegierten Zulässigkeit von landwirtschaftlichen und gewerblichen

Tierhaltungsbetrieben im Außenbereich (s. oben) können folgende bauleitplanerischen

Steuerungsmöglichkeiten in Betracht gezogen werden:

(1) Ausweisung von Standorten für die gewerbliche Tierhaltung in Bebauungsplänen und damit Ausschluss ihrer privilegierten Zulässigkeit nach § 35 Abs. 1 Nr. 4 BauGB (s. dazu unten 2.2).

(2) Ausweisung von Standorten für gewerbliche Tierhaltungsbetriebe im Flächennutzungsplan im Sinne des § 35 Abs. 3 Satz 3 BauGB (s. dazu unten 2.3).

(3) Überplanung des Außenbereichs einer Gemeinde durch Bebauungsplan zum Zweck der Festlegung der Standorte für Tierhaltungsbetriebe und der davon frei zu haltenden Flächen (s. dazu unten 2.4).

(4) Nutzungsbeschränkungen und Grenzwerte für Geruchsimmissionen im Flächennutzungsplan für landwirtschaftliche und gewerbliche Tierhaltungsbetriebe (s. dazu unten 2.5).

Diese verschiedenen bauleitplanerischen Steuerungsmöglichkeiten haben unterschiedliche Voraussetzungen und Rechtsfolgen. Ihrem jeweiligen Einsatz liegen daher auch unterschiedliche konzeptionelle Vorgehensweisen zu Grunde.

2.2 Ausweisung von Standorten für die gewerbliche Tierhaltung und damit Ausschluss ihrer privilegierten Zulässigkeit nach § 35 Abs. 1 Nr. 4 BauGB

Das BVerwG[10] und ihm folgend z. B. das OVG Lüneburg[11] haben einen Zusammenhang zwischen der Anforderung, ob ein Vorhaben „nur im Außenbereich ausgeführt werden soll", und dem Nichtvorhandensein von Genehmigungsmöglichkeiten nach § 30 oder § 34 BauGB (auch nach § 33 BauGB) für Vorhaben gewerblicher Tierhaltung herausgestellt. Diese Rechtsprechung berücksichtigt, dass der Privilegierungstatbestand der Nr. 4 verlangt, dass das Vorhaben „nur im Außenbereich ausgeführt werden soll". Nach der erwähnten Rechtsprechung wird die privilegierte Zulässigkeit von gewerblichen Tierhaltungsbetrieben davon abhängig gemacht, ob das Vorhaben im Innenbereich (§ 4 BauGB) oder in Gebieten mit Bebauungsplänen (§ 30 BauGB) der jeweiligen Gemeinde ausgeführt werden könnte. Danach wäre von Bedeutung, ob Vorhaben der gewerblichen Tierhaltung in der betreffenden Gemeinde, in der es errichtet werden soll, in einem Gebiet nach § 30 oder § 34 BauGB und ggf. im Fall der Aufstellung eines hierfür in Betracht kommenden Bebauungsplans nach § 33 BauGB zugelassen werden könnten.

Aus dieser Rechtsprechung kann somit gefolgert werden, dass die Gemeinden die Möglichkeit haben, durch entsprechende bauleitplanerische Aktivitäten die Ansiedlung der gewerblichen Tierhaltung auf Bebauungsplänen festgesetzte Baugebiete/ Standorte zu lenken.

Dabei kann sich die Frage gestellt werden, in welchem Umfang bauplanungsrechtliche Genehmigungsmöglichkeiten nach den §§ 30 und 34 BauGB in jeder Gemeinde bestehen müssen und inwieweit solche Genehmigungsmöglichkeiten in benachbarten Gemeinden oder Gemeinden in einer betreffenden Region ausreichend sein können. Die Rechtsprechung hat bisher auf die Genehmigungsmöglichkeit in der betreffenden Gemeinde abgestellt[12]. Die Errichtung eines Vorhabens für die Tierhaltung kann aber etwa auf Grund seiner Größe nicht oder nicht stets davon abhängig gemacht werden, in welcher Gemeinde sie verwirklicht werden soll. Maßgeblich dürften die bauplanungsrechtlichen Aktivitäten von Gemeinden in einer Region sein, um daraus die Folgerung zu ziehen, dass diese Vorhaben „nicht nur im Außenbereich ausgeführt werden sollen".

In Betracht kommt insbesondere die Festsetzung von Sondergebieten im Sinne des § 11 Abs. 1 und 2 BauNVO, gegebenenfalls auch von Industriegebieten im Sinne des § 9 BauNVO. Zu Einzelheiten der Bebauungsplanungen können die Ausführungen unten 2.4 entsprechend herangezogen werden.

---

[10] BVerwG, a. a. O., Fn. 7.
[11] Z. B. OVG Lüneburg, Beschl. vom 6.11.2007 – 12 ME 309/07 -.
[12] BVerwG, a. a. O., Fn. 7, unter Hinweis auf BVerwG, BauR 1976, 344 und BauR 1976, 347.

Die Festsetzung von Baugebieten für die Tierhaltung erfüllt damit zwei Zwecke und hat folgende Rechtsfolgen:

Mit einer solchen Bebauungsplanung werden eindeutige planungsrechtliche Grundlagen für gewerbliche Tierhaltungsbetriebe geschaffen. Eine solche Bebauungsplanung wäre mit der städtebaulichen (Siedlungs-) Entwicklung der Gemeinden abgestimmt. Sie würde – auch wegen des notwendigen Zusammenhangs mit der Flächennutzungsplanung (§ 8 Abs. 2 BauGB) – die Anforderungen an die Steuerung von Tierhaltungsbetrieben erfüllen. Die Vorhaben sind innerhalb des Gebiets des Bebauungsplans nach § 30 BauGB zu beurteilen und insoweit nicht nach § 35 Abs. 1 BauGB. Während der Aufstellung des Bebauungsplans können die allgemeinen Sicherungsinstrumente (Veränderungssperre und Zurückstellung von Baugesuchen, §§ 14, 15 Abs. 1 und 2 BauGB) zur Anwendung kommen.

Anknüpfend an die erwähnte Rechtsprechung (s. oben) haben die entsprechenden Festsetzungen von Baugebieten für Tierhaltungsbetriebe die Folge, dass diese Betriebe nicht (mehr) im Sinne der Nr. 4 des § 35 Abs. 1 BauGB „nur im Außenbereich ausgeführt werden sollen". Damit entfiele – nach dieser Rechtsprechung - in den betreffenden Gemeinden (in der betreffenden Region) die privilegierte Zulässigkeit dieser Betriebe nach § 35 Abs. 1 Nr. 4 BauGB.

Wegen der in der Regel notwendigen parallelen Darstellung dieser Gebiete z. B. als Sonderbauflächen für die Tierhaltung im Flächennutzungsplan kann dies bezüglich gewerblicher Tierhaltungsbetriebe auch die Rechtsfolge des § 35 Abs. 3 Satz 3 BauGB haben (näher dazu unten zu 2.3). Während des Verfahrens der Aufstellung, Änderung oder Ergänzung des Flächennutzungsplans kann eine vorläufige Sicherung im Sinne des § 15 Abs. 3 BauGB in Betracht kommen.

2.3 Ausweisung von Standorten der Tierhaltungsbetriebe nach § 35 Abs. 3 Satz 3 BauGB im Flächennutzungsplan

Eine eigenständige Steuerungsmöglichkeit auf der Ebene der Flächennutzungsplanung besteht auf der Grundlage des § 35 Abs. 3 Satz 3 BauGB. Nach dieser Vorschrift „stehen öffentliche Belange einem Vorhaben nach § 35 Abs. 1 Nr. 2 bis 6 BauGB in der Regel auch entgegen, soweit hierfür durch Darstellungen im Flächennutzungsplan oder als Ziele der Raumordnung eine Ausweisung an anderer Stelle erfolgt ist". Der Anwendungsbereich dieser Vorschrift ist für die hier interessierenden Zusammenhänge nur auf Standorte nicht landwirtschaftlicher, also gewerblicher Tierhaltungsbetriebe bezogen. Landwirtschaftliche Tierhaltungsbetriebe nach Nr. 1 des § 35 Abs. 1 BauGB werden dagegen von § 35 Abs. 3 Satz 3 BauGB nicht erfasst.

In Bezug auf die Voraussetzungen können hier die Grundsätze entsprechend herangezogen werden, die Praxis und Rechtsprechung zur Steuerung der Standorte von Windenergieanlagen entwickelt haben. Allerdings ist zu berücksichtigen, dass der Gesetzgeber sie nicht wie die Windenergieanlagen (§ 35 Abs. 1 Nr. 5 BauGB) ausdrücklich in den Außenbereich verwiesen hat. Denn gewerbliche Tierhaltungsbetriebe können nur auf Grund der Generalklausel der Nr. 4 als privilegierte Vorhaben im Außenbereich beurteilt werden. Dieser Aspekt gilt vor allem für die von der Rechtsprechung entwickelte Anforderung, wonach bei Planungen im Sinne des § 35 Abs. 3 Satz 3 BauGB der Windenergie nach Art und Maß bestimmte Möglichkeiten belassen werden müssen („für Windenergie in substanziellerweise Raum schaffen"[13]). Die Steuerung von Tierhaltungsbetrieben nach § 35 Abs. 3 Satz 3 BauGB dürfte daher in der Tendenz leichter zu begründen sein. Voraussetzung für die steuernde Wirkung ist allerdings die Ausweisung (Darstellung) von Flächen für gewerbliche Tierhaltungsbetriebe in bestimmtem, nicht nur unerheblichem Umfang. In diesem Rahmen ist es auch möglich, dass die entsprechenden Darstellungen im Flächennutzungsplan für die gewerbliche Tierhaltung an vorhandene Bestände in der Weise anknüpfen, indem diese von den Darstellungen erfasst und ihnen gegebenenfalls Erweiterungsmöglichkeiten gegeben werden.

Im Übrigen verlangt § 35 Abs. 3 Satz 3 BauGB nicht, dass gewerbliche Tierhaltungsbetriebe einer Gemeinde an einer bestimmten Stelle im Außenbereich „konzentriert" werden müssen. Die Vorschrift stellt ab auf die „Ausweisung an anderer Stelle". Dadurch kann berücksichtigt werden, dass – etwa aus Gründen seuchenhygienischer Anforderungen – eine Konzentration mehrerer Großbetriebe an einem Standort zu vermeiden sein kann. Davon unberührt bleibt das Erfordernis städtebaulicher Gründe für die jeweiligen Standortbestimmungen im Flächennutzungsplan.

2.4 Überplanung des Außenbereichs einer Gemeinde durch Bebauungsplan zum Zweck der Festlegung der Standorte für Tierhaltungsbetriebe und der davon frei zu haltenden Flächen

Die uneingeschränkte Anwendung des § 35 Abs. 1 Nr. 4 BauGB kann einer Gemeinde Veranlassung geben, für ihren Außenbereich – insgesamt oder größere Teile davon – einen Bebauungsplan oder mehrere Bebauungspläne aufzustellen. Zweck einer solchen verbindlichen Bauleitplanung ist, die Standorte für landwirtschaftliche und gewerbliche Tierhaltungsbetriebe auszuweisen und abschließend planungsrechtlich zu bestimmen. Soweit bekannt, haben solche Bemühungen bereits Eingang in die Praxis gefunden; in der Rechtsprechung ist dies auch schon grundsätzlich anerkannt worden[14]. Diese Festsetzungen sind gerichtet auf:

- Festlegung der Standorte für landwirtschaftliche und gewerbliche Tierhaltungsbetriebe;

---

[13] BVerwG, BVerwGE 117,287; BVerwGE 122, 117.
[14] So die Fallgestaltungen in den Entscheidungen des OVG Lüneburg, Urt. vom 7.10.2005 – 1 KN 297/04, und VG Osnabrück, Urt. vom 22.6.2007 – 2 A 167/05 -.

- Freihaltung von Flächen von Tierhaltungsbetrieben insbesondere im Umkreis von Wohnsiedlungen.

Die Festsetzungen des Bebauungsplans müssen geeignet sein, dieses planerische Ziel zu erfüllen, und es müssen die jeweiligen städtebaulichen Gründe angeführt werden, die die Festsetzungen rechtfertigen. Im Hinblick auf die Erforderlichkeit der Bauleitplanung i. S. d. § 1 Abs. 3 Satz 1 BauGB kann grundsätzlich davon ausgegangen werden, dass solche Planungen eine Konsequenz der Anwendbarkeit des § 35 Abs. 1 Nr. 4 BauGB und damit erforderlich sind. Denn § 35 BauGB kann insofern seine Funktion nicht erfüllen, sicher zu stellen, dass die bauliche Entwicklung nicht auf der Grundlage des § 35 BauGB, sondern auf der Grundlage von Bauleitplänen erfolgt. Erforderlich ist daher, durch Bebauungsplanung eine nachhaltige und geordnete städtebauliche Entwicklung in der Gemeinde zu sichern. In Bezug auf die Berücksichtigung der von der Bauleitplanung berührten Belange und Planungsgrundsätze (§ 1 Abs. 6, § 1a Abs. 1 bis 3 BauGB) und des Abwägungsgebots (§ 1 Abs. 7 BauGB) ist es im Allgemeinen erforderlich, die spezifischen, die jeweilige Festsetzung stützenden Gründe im Sinne einer gerechten Abwägung mit den davon betroffenen Belangen vorzunehmen.

In Betracht kommen vor allem Festsetzungen über Sondergebiete für die landwirtschaftliche und gewerbliche Tierhaltung im Sinne des § 11 Abs. 1 und 2 BauNVO, gegebenenfalls auch über Industriegebiete im Sinne des § 9 BauNVO. Im Fall eines Industriegebiets kann gegebenenfalls eine differenzierende Festsetzung nach § 1 Abs. 4 BauNVO (räumliche Gliederung mit dem Zweck, das betreffende Industriegebiet für Tierhaltungsbetriebe zu sichern) erforderlich sein. Dabei ist zu berücksichtigen, dass im Industriegebiet nur gewerbliche Tierhaltungsbetriebe zulässig sind (anders im Sondergebiet, dort sind auch Festsetzungen für landwirtschaftliche Tierhaltungsbetriebe möglich). Die Festsetzungen können nicht nur die Ausweisung neuer Standorte für die Tierhaltung zum Gegenstand haben. Sie können auch an vorhandene Tierhaltungsbetriebe anknüpfen und diese – einschließlich von Erweiterungsmöglichkeiten – planungsrechtlich absichern.

Diese Festsetzungen können kombiniert werden mit Festsetzungen, die das Freihalten von Flächen von der Bebauung mit Tierhaltungsbetrieben zum Gegenstand haben. Als Rechtsgrundlagen kommen in Betracht § 9 Abs. 1 Nr. 10 (Flächen, die von der Bebauung freizuhalten sind, und ihre Nutzung) und Nr. 24 BauGB (von der Bebauung frei zu haltende Schutzflächen und ihre Nutzung). Solche Festsetzungen bedürfen spezifischer städtebaulicher Gründe, um die Freihaltung von der Bebauung und daran anknüpfend eine entsprechende andere Nutzung festzusetzen.

Von Bedeutung ist auch das Verhältnis zum Flächennutzungsplan. Grundsätzlich ist ein Flächennutzungsplan mit entsprechenden Darstellungen erforderlich, aus dem der Bebauungsplan zu entwickeln ist (§ 8 Abs. 2 Satz 1 BauGB). Er ist entbehrlich bei einem selbstständigen Bebauungsplan im Sinne des § 8 Abs. 2 Satz 2 BauGB, ebenso bei einem vorzeitigen Bebauungsplan im Sinne des § 8 Abs. 4

Satz 1 BauGB. Die Art der Darstellungen kann parallel zu denen des Bebauungsplans getroffen werden, also insbesondere Darstellung von Sonderbauflächen, gewerblichen Bauflächen und Flächen für die Landwirtschaft.

Zu den in Betracht kommenden städtebaulichen Gründen ist auf Folgendes hinzuweisen:

Wenn die privilegierte Zulässigkeit von gewerblichen Tierhaltungsbetrieben im Sinne des § 35 Abs. 1 Nr. 4 BauGB zu Grunde gelegt wird, kommt dem Gesichtspunkt der notwendigen Steuerung der baulichen Entwicklung im Außenbereich besonderes Gewicht zu. Von Bedeutung ist weiter ein das Gemeindegebiet umfassendes städtebauliches Gesamtkonzept für die planungsrechtliche Absicherung von Tierhaltungsbetrieben und ihrer Entwicklungsmöglichkeiten, in Abstimmung mit der Gesamtentwicklung der Gemeinde. Dies dürfte in der Regel auf der einen Seite eine Bestandsaufnahme der vorhandenen Tierhaltungsbetriebe und zur künftigen Entwicklung der Tierhaltung erfordern, auf der anderen Seite die Vorstellungen über die städtebauliche Entwicklung (Siedlungsentwicklung) des Gemeindegebiets. Darin einbezogen sind Überlegungen, welche Gebiete aus Gründen des Schutzes und der Entwicklung von Wohngebieten von der Bebauung mit Tierhaltungsbetrieben freizuhalten sind.

Aus solchen planerischen Festlegungen ergeben sich unterschiedliche Rechtsfolgen:

Für Vorhaben der landwirtschaftlichen und gewerblichen Tierhaltungsbetriebe sind insoweit die Festsetzungen des Bebauungsplans maßgeblich (§ 30 BauGB). Auf den von der Bebauung frei zu haltenden Flächen sind Vorhaben der Tierhaltung nicht zulässig. Für die Gebiete außerhalb des Bebauungsplans (Fall, dass der Bebauungsplan nicht das gesamte Gemeindegebiet umfasst) können weitere Rechtsfolgen für gewerbliche Tierhaltungsbetriebe eintreten. Zum Einen können sich aus den parallel im Flächennutzungsplan zu treffenden Darstellungen von Flächen für die gewerbliche Tierhaltung die Rechtsfolgen des § 35 Abs. 3 Satz 3 BauGB ergeben, d. h. außerhalb solcher Darstellungen („Ausweisungen an anderer Stelle") sind gewerbliche Tierhaltungsbetriebe in der Regel wegen entgegenstehender öffentlicher Belange unzulässig. Da Standorte/ Baugebiete für gewerbliche Tierhaltungsbetriebe in der Gemeinde im Bebauungsplan festgesetzt sind, wird die privilegierte Zulässigkeit nach Nr. 4 des § 35 Abs. 1 BauGB ausgeschlossen (s. oben 2.2).

Während des Verfahrens zur Aufstellung, Änderung oder Ergänzung des Bebauungsplans und Flächennutzungsplans ist eine vorläufige Sicherung nach den allgemeinen Vorschriften möglich. Für das Gebiet des (künftigen) Bebauungsplans können in Betracht kommen Veränderungssperre und Zurückstellung von Baugesuchen (§§ 14 und 15 Abs. 1 und 2 BauGB). In Bezug auf die künftigen Rechtsfolgen entsprechender Darstellungen im Flächennutzungsplan im Sinne des § 35 Abs. 3 Satz 3 BauGB kann eine Zurückstellung von Baugesuchen nach § 15 Abs. 3 BauGB (grundsätzlich bis zu einem Jahr) in Betracht kommen.

2.5 Nutzungsbeschränkungen und Grenzwerte für Geruchsimmissionen im Flächennutzungsplan für Tierhaltungsbetriebe

Das BVerwG[15] hält es für möglich, unter bestimmten Voraussetzungen im Blick auf die von Tierhaltungsbetrieben ausgehenden Geruchsimmissionen dazu im Flächennutzungsplan Grenzwerte festzulegen mit der Folge, dass diese Festlegungen Tierhaltungsbetrieben ggf. als öffentlicher Belang entgegengehalten werden können.

Diese Rechtsprechung berücksichtigt, dass gemäß § 35 Abs. 3 Satz 1 Nr. 1 BauGB auch ein nach § 35 Abs. 1 BauGB zu beurteilendes Vorhaben unzulässig sein kann, wenn das Vorhaben „den Darstellungen des Flächennutzungsplans widerspricht", weiter dass nach der Rechtsprechung[16] Darstellungen im Flächennutzungsplan die Zulässigkeit von privilegierten Vorhaben beschränken können, wenn sie hinreichend konkret standortbezogene Aussagen enthalten und von entsprechendem Gewicht sind. Das BVerwG nimmt an, dass Darstellungen, die auf der Grundlage des § 5 Abs. 2 Nr. 6 BauGB (Darstellung von „Flächen für Nutzungsbeschränkungen oder für Vorkehrungen zum Schutz gegen schädliche Umwelteinwirkungen") erfolgen, die Unzulässigkeit auch von Vorhaben im Sinne des § 35 Abs. 1 BauGB haben können.

Dies setzt nach dem BVerwG zunächst voraus, dass die Festlegung von Grenzwerten für Geruchsimmissionen und die sich daraus ergebenden Nutzungsbeschränkungen für die Grundzüge der städtebaulichen Entwicklung der betreffenden Gemeinde (§ 5 Abs. 1 Satz 1 BauGB) relevant sind. Das BVerwG hat dies in dem zugrunde liegenden Fall anerkannt. Dort ging es um den Schutz von Flächen (Gebieten) für Erholungs-, Kur- und Freizeitzwecke vor bestimmten Geruchsbelastungen.

Diese Grundsätze dürften auch auf andere schutzbedürftige Siedlungsbereiche, wie Wohngebiete und Mischgebiete und gegebenenfalls auch Gewerbegebiete, übertragbar sein. Hierfür spricht, dass - wie auch vom BVerwG[17] anerkannt - bei Vorliegen städtebaulicher Gründe die Gemeinde im Wege der Bauleitplanung unterhalb der durch § 3 Abs. 1 BImSchG bestimmten Erheblichkeitsschwelle eigenständig gebietsbezogen das Maß hinnehmbarer Geruchsbeeinträchtigungen nach den Maßstäben des Vorsorgegrundsatzes steuern darf. Sie kann dabei aus Gründen des vorsorgenden Umweltschutzes zugunsten der städtebaulichen Entwicklung auch unterhalb der Schädlichkeitsschwelle bauleitplanerische Festlegungen treffen[18].

Diese Festlegungen müssen für die Grundzüge der gemeindlichen Entwicklung von Bedeutung sein. Hierfür können sprechen: Die Erhaltung (Sicherung) und

---

[15] BVerwG, BVerwGE 124, 132.
[16] BVerwG, BVerwGE 28, 148; BVerwGE 79, 318; BVerwGE 124, 132.
[17] BVerwG, NVwZ 2002, 114.
[18] Vgl. z. B. BVerwG, BVerwGE 117, 287, zur Zulässigkeit der Planung von größeren Abständen zwischen Windenergieanlagen und der Wohnbebauung, als es die TA-Lärm verlangt.

Entwicklung von Siedlungsbereichen kann erheblich dadurch beeinträchtigt sein, dass auf der Grundlage der Nr. 4 des § 35 Abs. 1 BauGB an mehr oder weniger beliebigen Standorten im Außenbereich gewerbliche Tierhaltungsbetriebe errichtet werden können, die lediglich ein Mindestmaß an Geruchsimmissionen auf der Grundlage des § 35 Abs. 3 Satz 1 Nr. 3 BauGB sowie immissionsschutzrechtlicher Vorschriften vermeiden. Die Problematik von Geruchsimmissionen und ihre sonstige „Verträglichkeit" können nach Struktur und Umfang so wichtig sein, dass dadurch die städtebauliche Entwicklung der Gemeinde in ihren Grundzügen beeinträchtigt werden würde, wenn diese Flächennutzungsplanung unterbleibt.

Für Festlegungen im Sinne des § 5 Abs. 2 Nr. 6 BauGB (Darstellung von Flächen für Nutzungsbeschränkungen oder für Vorkehrungen zum Schutz gegen schädliche Umwelteinwirkungen im Sinne des Bundes-Immissionsschutzgesetzes) – so das BVerwG[19] – sind die Grenzwerte für Geruchsimmissionen im Flächennutzungsplan darzustellen. Danach ist es möglich, für Geruch und Staub z. B. in 200 m bzw. 500 m Entfernung zum Emissionsschwerpunkt einzuhaltende Immissionsgrenzwerte festzulegen. Die Einhaltung ist für jeden Emittenten gesondert zu ermitteln, d. h. zu ermitteln sind die Geruchs- und Staubimmissionen in 200 m bzw. 500 m Entfernung zum Emissionsschwerpunkt des jeweiligen Tierhaltungsbetriebs.

Diese Festlegungen im Flächennutzungsplan können sich sowohl auf gewerbliche als auch auf landwirtschaftliche Tierhaltungsbetriebe beziehen.

3. Zusammenfassung

Um nachteilige Auswirkungen der Ansiedlung von insbesondere großen gewerblichen Tierhaltungsbetrieben auf die städtebauliche Entwicklung (Siedlungsentwicklung) zu vermeiden, haben die Gemeinden die Möglichkeit, die Instrumente der Bauleitplanung nach dem Baugesetzbuch einzusetzen. Mit der planungsrechtlichen Absicherung dieser Vorhaben kann die gewünschte wirtschaftliche Entwicklung der Tierhaltung in Abstimmung gebracht werden mit den Erfordernissen der Siedlungsentwicklung. Dies gilt z. B. für die Abstände zu den vorhandenen und geplanten Siedlungsgebieten einschließlich zugehöriger öffentlicher und privater Einrichtungen, für die Klärung der Standortfragen der Betriebe auch für die darauf auszurichtenden Erschließungsmaßnahmen und nicht zuletzt für den Bodenschutz und die Schonung des Außenbereichs.

Ausgehend davon, dass die Rechtsprechung auf gewerbliche Tierhaltungsbetriebe den Privilegierungstatbestand des § 35 Abs. 1 Nr. 4 BauGB anwendet, bestehen für die planerische Standortsteuerung von landwirtschaftlichen und gewerblichen Tier-

---

[19] BVerwG, a. a. O., Fn. 15.

haltungsbetrieben unterschiedliche Möglichkeiten, die teils kombiniert einsetzbar sind:

(1) Auch nach der Rechtsprechung, die von einer privilegierten Zulässigkeit nach § 35 Abs. 1 Nr. 4 BauGB ausgeht, entfallen die Voraussetzungen für diese Privilegierung, wenn die Gemeinden für Vorhaben der gewerblichen Tierhaltung Baugebiete (namentlich Sondergebiete) ausweisen, weil dann Vorhaben für die gewerbliche Tierhaltung nicht mehr „nur im Außenbereich ausgeführt werden sollen". Auf diese Weise werden die planungsrechtlichen Grundlagen für Tierhaltungsbetriebe durch Bebauungspläne geschaffen, in Abstimmung mit der städtebaulichen Entwicklung (Siedlungsentwicklung) der Gemeinden.

(2) Eine weitergehende Möglichkeit bietet die Aufstellung von Bebauungsplänen, die den Außenbereich einer Gemeinde vollständig oder in großen Teilen umfasst. Mit dieser verbindlichen Bauleitplanung werden die Standorte für landwirtschaftliche und gewerbliche Tierhaltungsbetriebe ausgewiesen, auch unter Einbeziehung vorhandener Betriebe, gegebenenfalls verbunden mit der planungsrechtlichen Absicherung von Erweiterungsmöglichkeiten. Zugleich werden durch geeignete Festsetzungen Flächen im Umkreis von vor allem Wohnsiedlungen von Tierhaltungsbetrieben freigehalten.

(3) Auf der Ebene der Flächennutzungsplanung bestehen grundsätzlich zwei Möglichkeiten:

Mit der Ausweisung von Flächen/ Gebieten für die gewerbliche Tierhaltung kann die Ansiedlung gewerblicher Tierhaltungsbetriebe auf bestimmte Standorte gelenkt werden. Sie sind grundsätzlich nur dort im Außenbereich privilegiert zulässig (Steuerung durch Anwendung des § 35 Abs. 3 Satz 3 BauGB).

Im Flächennutzungsplan werden, wenn dies für die Grundzüge der gemeindlichen Entwicklung bedeutsam ist, Immissionsgrenzwerte für landwirtschaftliche und gewerbliche Tierhaltungsbetriebe festgelegt, um bestimmte schutzwürdige Gebiete (Wohnorte, Gebiete für den Tourismus usw.) vor Immissionen zu schützen.

VIII Repowering von Windenergieanlagen – Zulassung und planerische Steuerung

Ulrich Battis

1. Was soll ich zu diesem Thema noch viel sagen können, nachdem *Söfker* sich vor über einem Jahr dazu prinzipiell geäußert[1] und zusammen mit anderen Experten in einem aus einer vom Deutschen Städte- und Gemeindebund[2] mitgetragenen Bremer Fachtagung[3] vom Juni dieses Jahres hervorgegangenen und vom Umweltverband Kommunale Umwelt-AktioN (U.A.N.) herausgegebenen Leitfaden[4] eine detaillierte Handlungsanweisung umgesetzt hat? Anfang 2008 sind zudem schon in den mit den kommunalen Spitzenverbänden abgestimmten Gesamtempfehlungen der Bauministerkonferenz und der Raumordnungsministerkonferenz „Klimaschutz in den Bereichen Bau, Wohnen und Stadtentwicklung" Hinweise zum Repowering veröffentlicht worden[5]. Schließlich sei auch auf eine von mir betreute Dissertation von *Ph. Fest* hingewiesen, die sich gerade auch mit dem Repowering beschäftigt[6]. Dass die Tagesleitung gleichwohl eine glückliche Hand in der Festsetzung des Themas hatte, belegt zum Beispiel die für den 29.09.2009 angekündigte Arbeitsgung Repowering an der Universität Lüneburg und der vom Institut für Städtebau Berlin für den 4.11.2009 angekündigte einschlägige Vortrag von Christian Otto.

2. Der Begriff Repowering bezeichnet das Ersetzen alter Anlagen der Elektrizitätsgewinnung durch neue Anlagen, also konkret die Ersetzung vorhandener alter Windenergieanlagen durch neue Windenergieanlagen (WEA).

Um eins zu Beginn gleich klarzustellen, für den Ersatz alter WEA durch leistungsstärkere neue gelten dieselben Vorschriften wie für die Neueinrichtung von WEA.[7] Es geht also nicht um Kapazitätssteigerungen durch den Austausch einzelner Komponenten durch Erneuerung oder Nutzungsänderung alter Anlagen.[8] Der Rückgriff auf Bestandsschutz gemäß § 35 Abs. 4 BauGB analog der überholten Rechtsprechung zum überwirkenden Bestandsschutz scheidet beim Repowering

---

[1] ZfBR 2008, 14.
[2] S. a. Thesenpapier zur Rolle der Kommunen beim Ausbau der Windenergie.
[3] Fachkonferenz Repowering von Windenergieanlagen 11./12.06.2009 Bremen.
[4] Repowering von Windenergieanlagen – Kommunale Handlungsmöglichkeiten.
[5] www.is-argebau.de Berichte und Informationen; dazu Niemeyer, KommP spezial 2009, 30; s. a. Klinski/Nehls, Entwicklung einer Umweltstrategie für die Windenergienutzung an Land und auf See, 2007.
[6] Die Errichtung von Windenergieanlagen in Deutschland und seiner ausschließlichen Wirtschaftszone, i. E.; speziell zum Repowering krit. Quambusch, BauR 2007, 1824; zur internationalen Entwicklung Anker/Olsen/Rønne Legal Systems and Wind Energy: A Comparative Perspective, 2009; Szarka, Wind Power in Europe: Politics, Business and Society, in: JCMS (46)2008, 725.
[7] S. a. Gatz, Rechtsfragen der Windenergienutzung, DVBl. 2009, 746.
[8] Maslaton, LKV 2007, 259; Fest, a. a. O., C II 6.

unstreitig aus.⁹ Gescheitert sind die Versuche dieses Ergebnis durch die Annahme eines atypischen Falles im Sinne von § 35 Abs. 3 Nr. 3 BauGB zu umgehen.¹⁰

Da es vorliegend um den Ersatz alter zehn- bis zwanzigjähriger Anlagen geht, betrifft Repowering in Deutschland nur Onshore-Anlagen, nicht Offshore-Anlagen.¹¹

3. Es fehlen mir Kompetenz und Zeit die allgemeinen fachlichen Grundlagen des Repowering vorzustellen.¹² Nur so viel: Mehr Strom wird durch weniger Anlagen erzeugt und dies auf neu zugeschnittenen und weniger verteilten Flächen. Ein Beispiel: Neun Anlagen mit einem Rotordurchmesser von jeweils 40 Metern werden ersetzt durch vier Rotoren mit einem Rotordurchmesser von jeweils 80 Metern. Die Leistung der Altanlagen beträgt 500 kW, die der Neuanlagen 2,5 mW. Die Ertragssteigerung ist zudem entscheidend abhängig von der typischerweise verdoppelten Nabenhöhe. Verbesserte Netzintegration und Netzauslastung sowie die durch § 30 EEG¹³ neuer Fassung erhöhte Anfangsvergütung der Repowering-Anlagen sind die maßgeblichen wirtschaftlichen Faktoren.

Die erheblichen technischen Erneuerungen ermöglichen durch Abbau von im Innen- und/oder Außenbereich verstreuten Anlagen frühere Fehlentwicklungen zu korrigieren und die Nutzung auf geeignete Standorte zu konzentrieren.¹⁴ Das Landschaftsbild kann entlastet werden. Trotz der größeren Nabenhöhe und der größeren Rotordurchmesser kann insgesamt die optische Flächeninanspruchnahme reduziert werden. Wegen der geringeren Drehzahl können optische Beeinträchtigungen (Schattenwurf) und Lärm sinken. Nur hingewiesen sei auf neue Ansätze zur Befeuerung (Beleuchtung), die ebenfalls die Akzeptanz der WEA verbessern können.

4. Akzeptanzprobleme haben WEA in Deutschland seit der Renaissance der Windenergie, also seit den 1980er Jahren¹⁵. Daran hat die stetige Verbesserung des rechtlichen Rahmens bisher nichts Grundlegendes geändert. Ein Artikel zu einer Entscheidung des OVG Münster vom 23.09.1980¹⁶ schließt mit der Feststellung: Die Entscheidung des OVG Münster macht sich im Übrigen vielerorts negativ bemerkbar. „Vor diesem Urteil wurden sogenannte Kleinwindanlagen noch ohne

---

⁹ S. a. OVG Bautzen, Baurecht 2008, 479/480; Gatz, a. a. O S. 747.
¹⁰ So Maslaton/Kupke, Rechtliche Rahmenbedingungen des Repowering von Windenergieanlagen, 2005, S. 63; dazu mit weiterem Nachweis Fest, C II 6.
¹¹ Dazu VG Oldenburg, NdsVBl. 2009, 180; sowie Pestke, Offshore-Windfarmen in der ausschließlichen Wirtschaftszone, 2008; K. Maier, Die Ausdehnung des Raumordnungsgesetzes auf die ausschließliche Wirtschaftszone (AWZ) dargestellt an der Raumordnerischen Steuerung der Offshore-Windanlagen, 2008; Schomerus/Runge, Klimaschutz und Monitoring in der strategischen Umweltprüfung: Offshore-Windenergienutzung in der ausschließlichen Wirtschaftszone, 2008.
¹² Dazu instruktiv: Neddermann, Vortrag Fachtagung Bremen vom 11./12.6.2009.
¹³ S. a. Erk, Die künftige Vereinbarkeit des EEG mit Verfassungs- und Europarecht, 2008.
¹⁴ Dazu OVG Lüneburg, Beschluss vom 15.5.2009, 2 KN 49/07/juris Rn. 51.
¹⁵ Zur Historie Fest, B.II.
¹⁶ Baurecht 1980, 549.

Weiteres genehmigt, während nun die meisten Baubehörden und Verwaltungsgerichte unter Hinweis auf die Argumentation des OVG Münster die Genehmigung versagen und sogar den Abriss von WEA verfügen."[17]

Anlässlich der Ausweisung von Vorranggebieten zur Nutzung von Windenergie in einem regionalen Raumordnungsplan stellt das OVG Weimar in einem Urteil aus dem Jahre 2008 fest: „Der Plangeber darf sich bei der Auswahl der Vorranggebiete für WEA im Regionalen Raumordnungsplan nicht allein an den Wünschen der Gemeinden orientieren. Insbesondere darf er die Ausweisung entsprechender Vorranggebiete nicht davon abhängig machen, dass die betroffenen Gemeinden hierzu ihr „Einvernehmen" erteilen."[18]

Unter Berufung auf eine Untersuchung der TU Berlin aus dem Jahr 2005[19] sieht *Niemeyer* auch noch im Jahr 2009 einen der Gründe dafür, dass das Repowering bisher nur in Ansätzen stattfindet in zurückhaltenden Windkrafterlassen einiger Länder.[20] Die Gegenposition hat jüngst erneut *Zeiler* vertreten, der Landesregierungen, insbesondere der saarländischen, Blauäugigkeit bei der (positiven) Beurteilung der Windkraftproblematik vorwirft.[21] Bezeichnend für die an Glaubenskriege erinnernde Schärfe der Auseinandersetzung ist, dass erneut den Betreibern von WEA vorgeworfen wird, sie übten mit ihren Drohungen mit Schadensersatzansprüchen gegenüber den kommunalen Entscheidungsträgern Druck aus, „der teilweise in gefährlicher Nähe zur Nötigung (§ 240 StGB) anzusiedeln" sei.[22]

Die unter Anwohnern, Vogelschützern[23], Landschaftspflegern[24] und deshalb auch unter Kommunalpolitikern[25] verbreitete Skepsis wird maßgeblich auch von ökonomischen Interessen und nicht nur der Fremdenverkehrswirtschaft gestärkt. Das jüngste Sondergutachten der Monopolkommission geißelt die milliardenschwere Förderung von Wind- und Solarstrom als kostentreibende umweltpolitische Scharlatanerie, die zwar kein Gramm Kohlendioxid einspare, dafür andere Anbieter aus dem Markt halte.[26] Die Vorwürfe der Monopolkommission gelten sowohl den Vorgaben der EU wie auch deren deutscher Umsetzung.

5. Das von der Bundesregierung bereits 29.08.2007 beschlossene integrierte Klima- und Energieprogramm (IKEB) soll die europäischen Vorgaben auf nationaler Ebe-

---

[17] Battis/ Krieger, NuR 1980, 137/140.
[18] NuR 2009, 510.
[19] Hermann-Föttinger-Institut, TU Berlin (Hrsg.), Einschränkungen für das Repowering unter Berücksichtigung der genehmigungsrechtlichen Rahmenbedingungen.
[20] a. a. O., S. 32.
[21] NuR 2009, 526/530.
[22] NuR 2009, 526/528 unter Hinweis auf Quambusch, Nds.VBl 2006, 265.
[23] FAZ v. 24.8.2009, S.2 – Wiesenweihen gegen Windpark.
[24] dezidiert Quambusch, BauR 2003, 635.
[25] etwa Landrat des Vogelsbergkreises laut FAZ v. 25.8.2009, S. 4.
[26] „Strom und Gas 2009: Energiemärkte im Spannungsfeld von Politik und Wirtschaft" vom 4.8.2009 (www.monopolkommission.de).

ne durch ein Maßnahmenprogramm umsetzen. Ziel ist es die CO_2-Emmissionen bis 2020 um 40 % gegenüber 1990 zu reduzieren. Der Anteil der erneuerbaren Energie an der Stromerzeugung soll bis 2020 einen Anteil von 25 bis 30 % erreichen. Das Repowering von WEA spielt dabei eine Schlüsselrolle.[27]

Zum Vergleich: Der Anteil der erneuerbaren Energien am Primärenergieverbrauch lag am Ende der alten Bundesrepublik Deutschland bei etwa 2,4 %, davon überwiegend Wasserkraft. Die damalige Bundesregierung bezweifelte, dass für das Jahr 2000 ein Anteil von 4 % erreicht werden könne. Der Anteil allein der Windenergie beträgt im Jahr 2009 (Stand 30.06.) am Bruttostromverbrauch 7,25 % bzw. am Nettostromverbrauch 8,25 %.[28]

6. Die Privilegierung von WEA im Außenbereich gemäß § 35 Abs. 1 Nr. 5 BauGB soll und hat den Ausbau der Windenergie gefördert.[29] Anders als beim neu gefassten § 30 EEG hat der Gesetzgeber keine spezielle Vorschrift zur planungsrechtlichen Förderung des Repowering geschaffen. Mangels Bestandsschutzes ist also die Zulässigkeit von Repowering nach § 35 Abs. 1 Nr. 5 BauGB zu beurteilen.

Ebenso wie bei jeder Genehmigung nach § 35 Abs. 1 Nr. 5 BauGB gelten zwei Einschränkungen und eine Erweiterung.

Die erste Einschränkung ist die, dass entgegen dem Wortlaut, aber in systematischer Auslegung von § 35 Abs. 1 Nr. 3 BauGB Anlagen, die der privaten Energieversorgung dienen, nicht nach Nr. 5 privilegiert sind. Die Privilegierung gemäß Nr. 5 greift aber, wenn der größere Teil einer der privaten Eigenversorgung dienenden Anlage in das öffentliche Netz eingespeist wird.[30] Dies gilt auch für das Repowering, dürfte aber wegen der größeren Leistung unproblematisch sein.

Selbst wenn der Tatbestand des § 35 Abs. 1 Nr. 5 BauGB nicht erfüllt ist, kann nach den von der Rechtsprechung entwickelten Grundsätzen über den „mitgezogenen Betriebsteil" eine private WEA privilegiert werden, nämlich wenn sie etwa einem im Außenbereich privilegierten landwirtschaftlichen oder forstwirtschaftlichen Betrieb im Sinne von § 35 Abs. 1 Nr. 1 BauGB dient.[31] Diese Rechtsprechung gilt auch für das Repowering, obwohl dies regelmäßig dem politisch gewollten Ziel der Neustrukturierung der Standorte durch Repowering widersprechen wird.

7. Von zentraler Bedeutung gerade für das Repowering ist die zweite Einschränkung zu § 35 Abs. 1 Nr. 5 BauGB, nämlich die Standortsteuerung gemäß § 35 Abs. 3 Nr. 3 BauGB.[32] Danach stehen öffentliche Belange einem nach § 35 Abs. 1

---

[27] Niemeyer, a. a. O., S. 30.
[28] DEBI-GmbH, http://www.wind-energie.de/de/statistiken.
[29] Zur Entstehungsgeschichte der Privilegierung Fest, C II. 9; dort auch zu weiteren Reformvorschlägen, etwa der speziellen Regelung von Repowering-Konzentrationszonen.
[30] S. a. Gatz, a .a. O., S. 737.
[31] S. a. Gatz, a. a. O., S. 738.
[32] Zum Folgenden Gatz, a. a. O. S. 738; Fest, C.II.9.d.aa, C.II.9.c.dd.

Nr. 3, 5 privilegierten Vorhaben entgegen, soweit Konzentrationsflächen durch Darstellungen im Flächennutzungsplan[33] oder in der Regionalplanung[34] an anderer Stelle ausgewiesen worden sind.

Zur Terminologie: Für die Festlegung der Ziele der Raumordnung sind nur Konzentrationsflächen im Sinne von § 8 Abs. 7 Nr. 1 ROG geeignet, nicht bloße Vorrang- oder Eignungsgebiete. § 35 Abs. 3 Nr. 3 BauGB verwendet den Begriff Konzentrationsfläche nicht für entsprechende Darstellungen im Flächennutzungsplan. Die Begrifflichkeit hat sich aber durchgesetzt.[35]

Gemeinde und Träger der Raumordnung sind ermächtigt, im Außenbereich die Errichtung von WEA planerisch zu steuern. Die positive Standortzuweisung an eine oder mehrere Stellen im Plangebiet durch Konzentrationszonen ermöglicht es, das übrige Plangebiet von WEA künftig freizuhalten. Konzentrationszonen für das Repowering in Windparks schließen das Repowering von Einzelanlagen aus. Grundsätzlich ist es aber auch möglich das Repowering auf den vorhandenen Bestand zu begrenzen,[36] sofern der Windenergie substanzieller Raum geschaffen wird.

Die Rechtsprechung verlangt vom Planträger ein schlüssiges Gesamtkonzept, das den gesamten Planungsraum erfasst.[37] Das Gesamtkonzept muss den Anforderungen des Abwägungsgebotes nach Abwägungsvorgang und Abwägungsergebnis genügen. Die Grundsätze, die für die Gewinnung und Bewertung von Potentialflächen gelten, betreffen harte und weiche Tabuzonen, also Vogelschutzgebiete, FFH-Gebiete, militärische Schutzbereiche, Flächen ohne ausreichende Windhöffigkeit einerseits und Erholungsgebiete, Siedlungserweiterungsgebiete, Pufferzonen für Immissionen andererseits. In einem weiteren Schritt sind die öffentlichen Belange, die gegen die Ausweisung der Potentialflächen sprechen mit den Belangen der Windenergienutzung abzuwägen, also etwa die Freihaltung für oberflächennahen Rohstoffabbau oder Wasserschutzgebiete der Zone III, Denkmalschutz[38] oder Einwirkungen durch Eisabwurf, Reflexion von Sonnenstrahlen, optisch bedrängende Wirkung der Rotoren[39]. Die Abwägung kann unterschiedlich weite Handlungsoptionen eröffnen.[40]

Die Möglichkeit des Repowerings ist ein in erster Linie privater Belang, der in die Abwägung einzustellen ist. Eine Verpflichtung, die Möglichkeit für späteres

---

[33] OVG Lüneburg, Beschluss vom 25.5.2009, 2 KN 49/07/juris.
[34] Dazu OVG Lüneburg, ZfBR 2009, 150.
[35] Gatz, a. a. O. S. 740.
[36] BVerwG, NVwZ 2005, 581; VGH Kassel, NuR 2009, 556; weiterer Nachweis der Rechtsprechung bei OVG Lüneburg, Beschluss vom 15.5.2009, Rn. 21.
[37] BVerwGE 122, 109/111.
[38] Dazu OVG Lüneburg, Beschluss vom 15.5.2009, Rn.48; Fest C.II.9.b.; zur Auswirkung von Repowering auf die Avifauna Fest C.II.13.c.; OVG Lüneburg vom 15.5.2009, Rn. 26-43.
[39] Söfker, in: Spannowsky/Uechtritz BauGB 2009, § 35 Rn. 35.
[40] Dazu mit restriktiver Tendenz zu WEA Zeiler, NuR 2009, 526/528f.

Repowering offenzuhalten, besteht nicht.[41] Anders als Altanlagen werden Repowering-Anlagen zumeist die verbindlichen Abstandsflächen zu Wohngebieten nicht ohne Weiteres einhalten können. Gemäß dem durch das Gesetz zur Neuregelung des Rechts des Naturschutzes und der Landschaftspflege vom 27.07.2009[42] erweiterten § 34 BNatSchG sind Projekte vor ihrer Zulassung oder Durchführung auf ihre Verträglichkeit mit einem Natura2000-Gebiet zu überprüfen.[43] § 34 BNatSchG gilt auch für das Repowering im Außenbereich.

Die erwähnte Entscheidung des OVG Weimar[44] belegt, dass Gemeinden auch beim Repowering die Änderung des Flächennutzungsplans bzw. die Mitwirkung am Regionalplan dazu benutzen, um unter dem Deckmantel der Steuerung der Windenergieanlagen, diese in Wahrheit zu verhindern.[45] In der Literatur wird allerdings auch bemängelt, dass die Rechtsprechung die Verbesserung des Landschaftsbildes durch Repowering noch nicht hinreichend würdige.[46] Beide Phänomene erklären, dass das Repowering noch nicht die erwartete Dynamik entfaltet hat.[47]

Gatz stellt zu Recht fest, dass sich die Praxis mit der Umsetzung der Konzept-Rechtsprechung des Bundesverwaltungsgerichts schwer tue,[48] da es an positiven Kriterien fehle. Meines Erachtens ist dies angesichts der Anforderungen des Abwägungsgebots im Einzelfall unvermeidlich. Ich halte es daher mit der durch Art. 28 II GG geschützten planerischen Gestaltungsfreiheit der Gemeinde für unvereinbar, generell zu sagen, der Windenergieerzeugung werde substanziell im Sinne der Rechtsprechung Raum gegeben, „wenn die Konzentrationszonen mindestens ein Fünftel der WEA aufnehmen können, die auf den Potentialflächen Aufnahme finden könnten."[49]

8. Ein wesentliches Argument für das Repowering ist, dass dadurch die Verspargelung der Landschaft eingeschränkt und nachbarkritische Einzelanlagen entfallen können, dass also die immer noch notleidende Akzeptanz bei Bürgern und Planträgern verbessert wird. Das Argument gewänne an Durchschlagskraft, wenn mit der Ausweisung von Konzentrationsflächen auch die vorhandenen Altanlagen stillgelegt würden. Die bloße Ausweisung der Konzentrationsflächen beseitigt nicht den Bestandsschutz für genehmigte Altanlagen. Es bedarf daher zusätzlich zur Ausweisung von Konzentrationsflächen durch Flächennutzungsplan oder Regionalplan verträglicher Vereinbarungen zwischen dem Planträger und den Betreibern der Altanlagen und den Investoren für das Repowering. Die genannten Privaten können identisch oder teilidentisch sein. Es ist eine Aufgabe der Kautelar-

---

[41] BVerwG, NVwZ 2005, 781.
[42] BGBl. I 2542.
[43] Zur UVP nach altem RechtOVG Weimar, ThürVwBl. 2009, 151.
[44] NuR 2009, 510.
[45] Gatz, a. a. O. S. 739 unter Hinweis auf BVerwGE 117, 287/292.
[46] Fest C.II.9.c.dd.; Maslaton, LKV 2006, 55/59.
[47] So Wustlich ZUR 2007, 16/20; Fest C.II.9.c.dd.
[48] a. a. O. S. 739.
[49] So Gatz, a. a. O. S. 740.

jurisprudenz diesbezügliche städtebauliche Verträge (§ 11 BauGB) oder raumordnerische Verträge (§ 13 ROG) zu entwerfen.[50] Die erhöhte Förderung nach § 30 EEG dürfte der entscheidende Auslöser sein, um alle Vertragspartner an der Win-Win-Situation zu beteiligen. Kernpunkt der Verträge ist die Verpflichtung die Altanlagen bis zur Inbetriebnahme der Repowering-Anlage einzustellen und abzubauen. Erst dadurch wird dem Begriff des verbindlichen Repowerings Genüge getan.

9. Die andere Form des verbindlichen Repowerings ist der Erlass eines qualifizierten Bebauungsplans nach § 30 BauGB i. V. m. dem Abschluss eines städtebaulichen Vertrages oder eines zivilrechtlichen Vertrages unter den beteiligten Privaten (Bürger-Windparks)[51]. Der von der U.A.N. herausgegebene Leitfaden behandelt das Repowering auf der Grundlage eines eigenen Bebauungsplans als Modell.[52]

Auf einer Tagung zum Außenbereich ist darauf nicht näher einzugehen. Der Abschluss städtebaulicher Verträge ist auch in diesem Fall in der Regel geboten, da der Bebauungsplan gesetzlich als bloße Angebotsplanung konzipiert ist.[53] Möglich ist auch die Kombination eines Vorhaben- und Erschließungsplans mit einem städtebaulichen Vertrag.

Im Rahmen dieser Tagung zum Außenbereich ist nicht im Einzelnen einzugehen auf die Festsetzung eines Sondergebietes nach § 11 Abs. 1, Abs. 2 BauNVO, die aufschiebend bedingte Zulässigkeit des Repowerings gemäß § 9 Abs. 2 BauGB, die Anpassung der Bauleitplanung an die Ziele der Raumordnung[54], sowie § 9 Abs. 2a BauGB, der den Gemeinden hinsichtlich des Abstandflächenrechts einen eigenen Gestaltungsspielraum für eine Repowering-freundliche Politik eröffnet.[55]

10. Zum Schluss noch eine Bemerkung zum Planungsschadensrecht beim Repowering. Ansprüche nach § 39 BauGB scheiden bei Grundstücken im Außenbereich aus. Ganz überwiegend sind unter Rückgriff auf die Entstehungsgeschichte und eine teleologische Reduktion Ansprüche nach § 42 Abs. 1 BauGB abgelehnt worden für Eigentümer, deren Außenbereichsgrundstück durch eine Konzentrationszonenplanung die Möglichkeit der Errichtung einer WEA genommen wird.[56] Anders ist dies meines Erachtens zu bewerten, wenn durch eine Neufestsetzung der Konzentrationsflächen die bisherige Lage innerhalb einer solchen entfällt. Eine solche Situation kann sich gerade beim Repowering ergeben, wenn nämlich die Standorte für WEA im Außenbereich neu strukturiert werden sollen.[57] Dem steht

---

[50] Dazu Spannowsky, UPR 2009, 201; Leitfaden unter 5.1.2.
[51] Leitfaden 7.2.
[52] Teil B 3.
[53] S. Söfker, ZfBR 2008, 17.
[54] Dazu krit. Zeiler, NuR 2009, 526/530 unter Verweis auf OVG Saarlouis, Saarländische Kommunalzeitschrift 2008, 86; VGH München, BayVBl. 2009, 46.
[55] Dazu Fest C.II.12.a.ff.
[56] Stüer, Handbuch des Bau- und Fachplanungsrechts, 4.Auflage, 2009, Rn.1725; Gatz, a. a. O, S. 741.
[57] So z. B in der Entscheidung des OVG Lüneburg vom 15.5.2009.

meines Erachtens die Erwägung des Bundesverwaltungsgerichts nicht entgegen, der zufolge die Gemeinde nicht verpflichtet ist, Möglichkeiten eines späteren Repowerings bei der Festsetzung von Konzentrationsflächen offenzuhalten. Im Planungsschadenrecht geht es nicht um die Durchsetzung von Planungsansprüchen, sondern nur um Wertausgleich wegen Planänderung. Das gilt auch für den durch § 35 Abs. 3 Nr. 3 BauGB mit partieller Außenwirkung versehenen Flächennutzungsplan.[58]

---

[58] S. a. BVerwG, JZ 2007, 1151 ff. mit Anmerkung von Battis.

IX Artenschutz im Außenbereich

Hans Walter Louis[1]

Das Artenschutzrecht der Bundesrepublik Deutschland gründet sich auf internationalen und nationalen Regelungen. Die internationalen Regelungen werden weitgehend durch europäisches Naturschutzrecht umgesetzt oder begründet, so dass zunächst das europäische Artenschutzrecht dargestellt werden soll.

1. Das System des Artenschutzes nach dem deutschen Recht

Artenschutz war immer an die Eingriffsregelung gekoppelt. Handelte es sich um einen zugelassenen Eingriff, entfielen die artenschutzrechtlichen Verbote. Schon § 22 Abs. 3 BNatSchG 1976[2] sah rahmenrechtlich vor, dass die artenschutzrechtlichen Verbote zugunsten der besonders geschützten oder der vom Aussterben bedrohten Arten „bei der Ausführung eines nach § 8 zugelassenen Eingriffs" entfielen. Durch die Novelle von 1987[3] wurde der Artenschutz durch § 4 BNatSchG 1987 als unmittelbar geltendes Recht etabliert. Gemäß § 20 f Abs. 3 BNatSchG 1987 galten die artenschutzrechtlichen Zugriffs- und Besitzverbote nicht „bei der Ausführung eines nach § 8 zugelassenen Eingriffs", so dass die Zugriffs-, Besitz- und Vermarktungsverbote des § 20 f Abs. 1 und 2 BNatSchG 1987 nicht anwendbar waren. Auf die Entwicklung der Eingriffsregelung im Innenbereich durch § 8a NatSchG 1993[4], dessen Absatz 3 Ausgleich- und Ersatzmaßnahmen auf im Bebauungsplan festgesetzte Maßnahmen beschränkte und dessen Abs. 4 Ausgleichs- und Ersatzmaßnahmen im unbeplanten Innenbereich ausschloss, soll hier nicht näher eingegangen werden. Ebenso nicht auf § 1a Abs. 2 und 3 BauGB 1998[5], der die Rechtsfolgen der Eingriffsregelung ins Baurecht verschoben hat. Diese Änderungen hatten auch Auswirkungen auf die Anwendung der artenschutzrechtlichen Verbote. Da sich der Beitrag auf den Außenbereich beschränkt, soll diesen Fragen hier nicht nachgegangen werden.

---

[1] Der Verfasser ist Honorarprofessor an der Technischen Universität Braunschweig und der Universität Hannover.
[2] Gesetz über Naturschutz und Landschaftspflege (Bundesnaturschutzgesetz – BNatSchG) vom 20. Dezember 1976, BGBl. I S. 3574.
[3] Gesetz über Naturschutz und Landschaftspflege (Bundesnaturschutzgesetz – BNatSchG) in der Fassung der Bekanntmachung vom 12. März 1987, BGBl. I .S. 889.
[4] Eingeführt durch das Gesetz zur Erleichterung von Investitionen und zur Ausweisung und Bereitstellung von Wohnbauland (Investitionserleichterungs- und Wohnbaulandgesetz) vom 22. April 1993, BGBl. I S. 466.
[5] Baugesetzbuch (BauGB)in der Fassung der Bekanntmachung vom 27. August 1997, BGBl. I S. 2141, ber. 1998 I S. 137.

Die Novelle von 1998[6] ließ diese Regelung des 20 f Abs. 3 BNatSchG 1987 unverändert. Das 2002 neu verabschiedete BNatSchG übernahm diese Regelung ebenfalls unverändert als § 43 Abs. 4 BNatSchG 2002[7]. Durch das Urteil des EuGH wurde § 43 Abs. 3 BNatSchG für europarechtswidrig erklärt, da die pauschale Freistellung von Eingriffen nicht den Kriterien des Art. 16 FFH-RL entspricht.[8] Diesen Mangel versuchte der Gesetzgeber durch eine kleine Novelle des BNatSchG abzustellen,[9] deren Europarechtskonformität nicht unbestritten ist.[10] Inzwischen ist eine weitere Novelle des BNatSchG verabschiedet worden, die am 1. März 2010 in Kraft tritt.[11] Der Beitrag bezieht sich auf die Rechtslage nach dieser Novelle.

2. Europarechtliche Regelungen des Artenschutzes

2.1 Artenschutzrechtliche Regelungen der VRL

Die artenschutzrechtlichen Regelungen sind in den Art. 5 bis 9 VRL verankert. Art. 5 VRL stellt für alle Vögel im europäischen Gebiet der Mitgliedstaaten, mit Ausnahme Grönlands, Verbote für absichtliche Zugriffe oder absichtliche Störungen auf. Verboten ist das absichtliche

- Töten und Fangen, ungeachtet der angewandten Methode,
- Zerstören oder beschädigen von Nestern und Eiern und das Entfernen von Nestern,
- Stören, insbesondere während der Brut- und Aufzuchtzeit, sofern sich diese Störung auf die Zielsetzung der VRL erheblich auswirkt.

Verboten ist zudem das Sammeln von Eiern in der Natur und der Besitz dieser Eier auch in leerem Zustand, sowie das Halten von Vögeln, die nicht gejagt oder gefangen werden dürfen. Für diese Tatbestände ist keine Absicht erforderlich, doch ist ein unbeabsichtigtes Sammeln von Eiern oder Halten von Vögeln schwer vorstellbar. Zu beachten ist, dass Art. 5 VRL die Beschädigung oder Zerstörung von

---

[6] Gesetz über Naturschutz und Landschaftspflege (Bundesnaturschutzgesetz – BNatSchG) in der Neufassung vom 21. September 1998, BGBl. I S. 2994.
[7] Gesetz über Naturschutz und Landschaftspflege (Bundesnaturschutzgesetz – BNatSchG) vom 25.März 2002, BGBl. I S. 1193.
[8] EuGH, Urt.v, 10.01.2006 – C-98/03, NuR 2006, 166, 168, Rdnr. 61.
[9] Erster Gesetz zur Änderung des Bundesnaturschutzgesetzes vom 12. Dezember 2007, BGBl. I S. 2873.
[10] Wenig Bedenken *Louis* NuR 2008, 65 ff.; anders *Gellermann* NuR 2007, 783 ff. und *Lau/Steeck* NuR 2008, 386 ff.
[11] Gesetz über Naturschutz und Landschaftspflege als Art. 1 des Gesetzes zur Neuregelung des Rechts des Naturschutzes und der Landschaftspflege vom 29. Juli 2009, BGBl. I S. 2542.

Lebensräumen der Vögel nicht untersagt, sondern nur die Beschädigung von Nestern. Das ist eine wesentliche Einschränkung gegenüber Art. 12 FFH-RL.

Art. 6 VRL untersagt den Verkauf von lebenden und toten Vögeln, von deren ohne weiteres erkennbaren Teilen oder von aus ihnen gewonnen Erzeugnissen. Hiervon gibt es Ausnahmen, auf die hier aber nicht eingegangen werden soll. Art. 7 VRL erlaubt die Bejagung der in Anhang II VRL aufgeführten Vögel unter bestimmten Bedingungen, wobei Art. 8 VRL bestimmte Jagdmethoden untersagt.

Von besonderer Bedeutung ist Art. 9 VRL, der den Mitgliedstaaten gestattet, von den Verboten des Art. 5 und den Regelungen der Art. 6 bis 8 VRL abzuweichen, wenn dies aus den in Art. 9 VRL aufgeführten Gründen erforderlich ist und es keine andere zufrieden stellende Lösung gibt, bei der keine oder eine geringere Beeinträchtigung der Vögel möglich wäre.

Möglich sind solche Ausnahmen

a)
- im Interesse der Volksgesundheit und der öffentlichen Sicherheit,
- im Interesse der Sicherheit der Luftfahrt,
- zur Abwendung erheblicher Schäden an Kulturen, Viehbeständen, Wäldern, Fischereigebieten und Gewässern,
- zum Schutz der Pflanzen und Tierwelt;

b) zu Forschungs- und Unterrichtszwecken, zur Aufstockung der Bestände, zur Wiederansiedlung und zur Aufzucht im Zusammenhang mit diesen Maßnahmen;

c) um unter streng überwachten Bedingungen selektiv den Fang, die Haltung oder jede andere vernünftige Nutzung bestimmter Vogelarten in geringen Mengen zu ermöglichen.

2.2 Artenschutzrechtliche Regelungen der FFH-RL

Der Artenschutz wird gemäß Art. 12 FFH-RL nur den in Anhang IV FFH-RL aufgeführten Arten zuteil. Art. 12 FFH-RL stellt wie Art. 5 VRL Zugriffs- und Störungsverbote für die Tiere des Anhangs IV FFH-RL auf.

Verboten ist danach für Arten des Anhangs IV a) FFH-RL das absichtliche

- Fangen und Töten von aus der Natur entnommenen Exemplaren,
- Stören dieser Arten, insbesondere während der Fortpflanzungs-, Aufzucht-, Überwinterungs- und Wanderzeiten,
- das Zerstören und Entnehmen von Eiern aus der Natur.

Zusätzlich ist die Beschädigung oder Vernichtung der Fortpflanzungs- oder Ruhestätten verboten, wobei Art. 12 Abs. 1 d) FFH-RL nicht auf Vorsatz abstellt.

Auf die Besitz- und Vermarktungsverbote soll nicht eingegangen werden.

Für Pflanzen des Anhangs IV b) FFH-RL verbietet Art. 13 Abs. 1 a) FFH-RL das absichtliche Pflücken, Sammeln, Abschneiden, Ausgraben oder Vernichten von Exemplaren in deren Verbreitungsräumen in der Natur. Art. 13 Abs. 1 b) FFH-RL regelt Besitz- und Vermarktungsverboten, hier nicht erörtert werden. Art. 14 FFH-RL regelt die Bedingungen, unter denen eine Naturentnahme von Tieren und Pflanzen wild lebender Arten des Anhangs V FFH-RL zulässig ist und Art. 15 FFH-RL verbietet bestimmte Fang- und Tötungsmethoden für Tiere der Arten des Anhangs V a) FFH-RL.

Ausnahmen von den Verboten zugunsten der Arten des Anhangs IV FFH-RL sind nach Art. 16 FFH-RL möglich, insbesondere auch im öffentlichen Interesse, einschließlich der Interessen sozialer und wirtschaftlicher Art, sofern es keine anderweitige zufrieden stellende Lösung gibt und die Art in ihrem natürlichen Verbreitungsgebiet trotz der Ausnahme in einem günstigen Erhaltungszustand verweilt.

Art. 16 Abs. 1 FFH-RL erlaubt es, von den Verboten des Art. 12, 13, 14 und 15 abzuweichen:

- zum Schutz der wild lebenden Tiere und Pflanzen und zur Erhaltung der natürlichen Lebensräume,

- zur Verhütung ernster Schäden insbesondere an Kulturen und in der Tierhaltung sowie an Wäldern, Fischgründen und Gewässern sowie an sonstigen Formen von Eigentum,

- im Interesse der Volksgesundheit und der öffentlichen Sicherheit oder aus anderen zwingenden Gründen des überwiegenden öffentlichen Interesses, einschließlich solcher sozialer oder wirtschaftlicher Art oder positiver Folgen für die Umwelt,

- zu Zwecken der Forschung und des Unterrichts, der Bestandsauffüllung und Wiederansiedlung und der für diese Zwecke erforderlichen Aufzuchten, einschließlich der künstlichen Vermehrung von Pflanzen,

- um unter strenger Kontrolle, selektiv und in beschränktem Ausmaß die Entnahme oder Haltung einer begrenzten und von den zuständigen einzelstaatlichen Behörden spezifizierten Anzahl von Exemplaren bestimmter Tier- und Pflanzenarten des Anhangs IV zu erlauben.

3. Das System des deutschen Artenschutzrechts

Der Artenschutz in Deutschland basiert auf einem mehrstufigen Schutzsystem. Zunächst wird zwischen allgemeinem und besonderem Artenschutz unterschieden. Innerhalb des besonderen Artenschutzes gibt es dann besonders geschützte und streng geschützte Arten, wobei Letzteren ein besonders intensiver Schutz zuteil wird.

3.1 Der allgemeine Artenschutz

Der allgemeine Artenschutz ist nunmehr Gegenstand der konurrierenden Gesetzgebung und nicht mehr Ländersache. Hinzu kommt, dass der Artenschutz abweichungsfest ist, die Länder also keine eigenen Regelungen erlassen können, soweit der Bund die Materie geregelt hat. § 39 Abs. 1 BNatSchG 2009 verbietet im Wesentlichen die mutwillige Beunruhigung von Tieren und deren Fang, Tötung oder Verletzung ohne vernünftigen Grund. Für Pflanzen ist das Entnehmen vom Standort, ihre Nutzung und die Verwüstung ihrer Bestände ohne vernünftigen Grund landesrechtlich zu untersagen. Lebensstätten von Tieren und Pflanzen dürfen ohne vernünftigen Grund nicht beeinträchtigt oder zerstört werden. In der Fachplanung spielen diese Verbote keine Rolle, da die Fachplanung selbst immer einen vernünftigen Grund darstellt. Nach § 39 Abs. 5 BNatSchG 2009 ist es zudem verboten,

- „die Bodendecke auf Wiesen, Feldrainen, Hochrainen und ungenutzten Grundflächen sowie an Hecken und Hängen abzubrennen oder nicht land-, forst- oder fischereiwirtschaftlich genutzte Flächen so zu behandeln, dass die Tier- und Pflanzenwelt erheblich beeinträchtigt wird,

- Bäume, die außerhalb des Waldes, von Kurzumtriebsplantagen oder gärtnerisch genutzten Grundstücken stehen, Hecken, lebende Zäune, Gebüsche und andere Gehölzarten in der Zeit vom 1. März bis zum 30. September abzuschneiden oder auf den Stock zu setzen,

- Röhrichte in der Zeit vom 1. März bis zum 30. September zurückzuschneiden, wobei Röhrichte außerhalb dieser Zeiten nur in Abschnitten zurückgeschnitten werden dürfen,

- ständig Wasser führende Gräben unter Einsatz von Grabenfräsen zu räumen, wenn dadurch der Naturhaushalt, insbesondere die Tierwelt erheblich geschädigt wird.

Die Länder sind nach § 39 Abs. 5 S. 3 BNatSchG 2009 befugt, die Verbotszeiträume zu verlängern. Die Verbote des § 39 Abs. 5 BNatSchG 2009 gelten u. a. nicht für nach § 15 BNatSchG 2009 zulässige Eingriffe in Natur und Landschaft. Diese

Verknüpfung des Verbotes des allgemeinen Artenschutzes mit der Eingriffsregelung ist neu; sie bestand bisher nur im besonderen Artenschutz.

Verboten ist nach § 39 Abs. 6 BNatSchG 2009 zudem, Höhlen, Stollen, Erdkeller oder ähnliche Räume, die als Winterquartier von Fledermäusen dienen, vom 1. Oktober bis zum 31. März aufzusuchen. Ausgenommen ist die Durchführung unaufschiebbarer und nur geringfügig störender Handlungen. Weiterhin gelten die Verbote nicht für touristisch erschlossene oder stark genutzte Bereiche.

Nach § 40 Abs. 4 BNatSchG ist zudem das Ausbringen von Pflanzen gebietsfremder Art sowie von Tieren unter einen Genehmigungsvorbehalt gestellt. Die Genehmigung ist zu versagen, wenn die Gefährdung von Ökosystemen, Biotopen oder Arten der Mitgliedstaaten nicht auszuschließen ist. Keiner Genehmigung bedarf

- der Anbau von Pflanzen in der Landwirtschaft,
- der Einsatz von Tieren nicht gebietsfremder Arten,
- der Einsatz von Tieren gebietsfremder Arten zum Zwecke des biologischen Pflanzenschutzes, wenn dieser Einsatz einer pflanzenschutzrechtlichen Genehmigung bedarf, bei der die Belange des Artenschutzes berücksichtigt wurden,
- das Ansiedeln von Tieren nicht gebietsfremder Arten, die dem Jagd- oder Fischereirecht unterliegen.

Im Übrigen sollen in der freien Natur Gehölze und Saatgut vorzugsweise nur innerhalb ihrer Vorkommensgebiete ausgebracht werden.[12] Die Ausbringungsverbote gelten auch bei der Ausschreibung von Leistungen, z. B. wenn es um die Bepflanzung von Verkehrsanlagen oder um sonstiges Straßenbegleitgrün geht. Für Kompensationsmaßnahmen dürfte die Verwendung von gebietsfremden Pflanzen ohnehin nicht in Frage kommen.

Sofern die Zulassung der Planung keine Konzentrationswirkung hat, also andere erforderliche Zulassungen nicht ersetzt, müssen diese artenschutzrechtlichen Genehmigungen oder Ausnahmen bei der zuständigen Behörde eingeholt werden. Für im Inland nicht vorkommende Arten ist für die Genehmigung das Bundesamt für Naturschutz zuständig. Besteht eine Konzentrationswirkung wie z. B. bei einer Planfeststellung und weitgehend auch bei der Plangenehmigung, werden die Ausnahmen oder Genehmigungen in der Planfeststellung oder Plangenehmigung mit erteilt. Auch dann ist zu prüfen, ob die Tatbestandsvoraussetzungen der Ausnahme oder Genehmigung gegeben sind, sonst ist dieser Teil der Planung zu ändern oder die Planfeststellung bzw. Plangenehmigung insoweit abzulehnen.

---

[12] Das Verbot tritt gemäß § 40 Abs. 4 Nr. 4 BNatSchG 2009 erst im März 2020 in Kraft.

3.2 Die besonders geschützten Arten

Der besondere Artenschutz ist im Wesentlichen in § 44 BNatSchG 2009 geregelt. Die Ausnahmen finden sich in § 45 BNatSchG 2009. Gemäß § 67 Abs. 1 S. 2 und Abs. 2 BNatSchG 2009 können Befreiungen nach § 67 Abs. 1 BNatSchG 2009 nur erteilt werden, wenn die Durchführung der Verbote im Einzelfall zu einer unzumutbaren Belastung führen würde. Im Rahmen einer Befreiung sind nach § 67 Abs. 3 BNatSchG 2009 Ausgleichs- und Ersatzmaßnahmen oder ein Ersatzgeld auch anzuordnen, wenn es sich bei der freigestellten Handlung nicht um einen Eingriff handelt.

Nach § 7 Abs. 2 Nr. 13 BNatSchG 2009 sind besonders geschützt:

- Tier- und Pflanzenarten des Anhangs A und B der VO (EG) Nr. 338/97 (EG-Artenschutzverordnung),

- Arten des Anhangs IV FFH-RL sowie europäische Vogelarten nach der VRL, die nicht in Anhang A und B der VO (EG) Nr. 338/97 aufgeführt sind, und

- die in Anlage 1 Spalte 2 Bundesartenschutzverordung (BArtSchV) aufgeführten Arten.

Für die besonders geschützten Arten besteht nach § 44 Abs. 1 Nr. 1 BNatSchG ein Zugriffsverbot. Sie dürfen nicht gefangen, verletzt oder getötet werden. Ihre Fortpflanzungs- und Ruhestätten dürfen gemäß § 44 Abs. 1 Nr. 3 BNatSchG 2009 nicht der Natur entnommen, beschädigt oder zerstört werden. Für Pflanzen gilt das Beeinträchtigungs- und Zerstörungsverbot des § 42 Abs. 1 Nr. 4 BNatSchG. Für streng geschützte Tierarten sowie für die europäischen Vogelarten gilt zudem das Störungsverbot des § 44 Abs. 1 Nr. 2 BNatSchG. Auf die Besitz- und Vermarktungsverbote nach § 44 Abs. 2 BNatSchG soll hier nicht eingegangen werden.

3.3 Die streng geschützten Arten

Durch das Bundesnaturschutzgesetz von 2002[13] wurden die „vom Aussterben bedrohte Arten" in „streng geschützte" Arten umbenannt. Das Schutzsystem wurde insofern geändert, als alle streng geschützten Arten zugleich als besonders geschützte Arten eingestuft werden. Das führt zu einem etwas unübersichtlichen System, weil diese Arten in § 7 Abs. 2 Nr. 13 BNatSchG 2009 zunächst den besonders geschützten Arten zugeordnet werden, um dann durch eine weitere Nennung in § 7 Abs. 2 Nr. 14 BNatSchG 2009 als streng geschützt eingeordnet zu werden. Nach § 10 Abs. 2 Nr. 14 BNatSchG 2009 gehören zu den streng geschützten Arten die Arten

---

[13] Gesetz über Naturschutz und Landschaftspflege (Bundesnaturschutzgesetz) vom 25. März 2002, BGBl. I S. 1193.

- des Anhangs A VO (EG) Nr. 338/97,
- des Anhangs IV FFH-RL und
- der Anlage 1 Spalte 3 BArtSchV.

Für diese Arten bestehen neben den Verboten des § 44 Abs. 1 Nr. 1 und 3 BNatSchG 2009 zusätzliche Störungsverbote nach § 44 Abs. 1 Nr. 2 BNatSchG 2009. Zudem unterliegen sie strengeren Besitz- und Vermarktungsverboten, die aber im Zusammenhang mit Vorhaben im Außenbereich ohne Bedeutung sind.

4. Die neuen Regelungen zum Artenschutz

4.1 Zugriffsverbote

Die unmittelbar geltenden Verbote eines Zugriffs auf Tiere der besonders geschützten Arten und deren Entwicklungsformen bleiben auch im neuen § 44 Abs. 1 Nr. 1 BNatSchG 2009 unverändert. Der Lebensstättenschutz wurde durch die kleine Novelle 2007 aus § 42 Abs. 1 Nr. 1 BNatSchG 2002 herausgenommen und in § 42 Abs. 1 Nr. 3 BNatSchG 2007 abweichend formuliert.

4.1.1 Das Tötungsverbot

§ 44 Abs. 1 Nr. 1 BNatSchG 2009 verbietet es, wild lebenden Tieren der besonders geschützten Arten nachzustellen, sie zu fangen, zu verletzen oder zu töten. Im Verhältnis zu den anderen Zugriffsverboten stellen die Tatbestände der Nr. 1 spezielle Regelungen dar. Fangen, verletzen oder Töten stellen regelmäßig auch Störungen dar. Die Störung tritt aber hinter diese Handlungen zurück, da sie die schwächere Beeinträchtigung bedeutet und die Tatbestände jeweils das einzelne Tier als Schutzobjekt haben. Dagegen stehen die Tatbestände des Lebensstättenschutzes neben denen der Nr. 1, weil beide Tatbestände andere Schutzgegenstände umfassen.

Töten setzt voraus, dass einem Tier das Leben genommen wird. Der Angriff richtet sich gegen das Leben.[14] Der Tatbestand ist verwirklicht, wenn unmittelbar auf ein Tier zugegriffen wird, sei es durch Waffen, Gift oder unmittelbare Gewalt. Fraglich ist, in wieweit z. B. Kollisionen von Tieren mit Windkraftanlagen oder Fahrzeugen auf Straßen, die zu einer Tötung führen, dem jeweiligen Projekt zugerechnet werden können. Solange das deutsche Artenschutzrecht nicht vom europäischen Recht dominiert wurde, gab es das Problem nicht, denn der Artenschutz war ein straf-

---

[14] Lorz/Müller/Stöckl, BNatschG, 2. Aufl. München 2003, § 42 Rdnr. 5.

rechtlicher Schutz der Tiere und Pflanzen.[15] „Technik und Verkehr bringen oft unvermeidbar den Tod", doch erfüllte das nicht den Tatbestand der Tötung.[16] Einhellige Rechtsauffassung war, dass der Tatbestand zielgerichtet erfüllt werden musste. Der Tod des Tieres war die Motivation der Handlung.[17] Der EuGH hat den Tatbestand durch die „Caretta-Entscheidung" ausgeweitet.[18] Das Gericht nimmt eine Tötung im Sinne der artenschutzrechtlichen Verbote auch bei bedingtem Vorsatz an, also auch dann, wenn die Tötung bei der Handlung nicht beabsichtigt ist, aber mit hoher Wahrscheinlichkeit in Kauf genommen wird.[19]

Der VGH München geht davon aus, dass Töten ein zielgerichtetes methodisches Vorgehen gegen die Tiere verlangt. Dies schließt das Gericht aus dem Zusatz in Art. 5 a) V-RL, der eine Tötung der Tiere „ungeachtet der angewandten Methode" untersagt, aus. Damit wird bei Kollisionen von Tieren mit Fahrzeugen auf Straßen der Tatbestand der Tötung nicht erfüllt. Allenfalls beim bewussten Überbau regelmäßig genutzter Wanderkorridore könnte eine Tötung angenommen werden. Bei europäischen Vogelarten geht das Gericht davon aus, dass es derartige Korridore nicht gibt. Nur bei den durch Anhang IV FFH-RL geschützten Arten soll ein erweiterter Tötungsbegriff gelten.[20]

Das BVerwG geht von einem weiteren Tötungsbegriff aus. Eine Tötung liegt vor, wenn sie sich als unausweichliche Konsequenz einer Handlung erweist.[21] Das Tötungsverbot ist durch Kollisionen von Tieren mit Fahrzeugen nicht erfüllt, wenn nur einzelne Exemplare durch den Autoverkehr getötet werden. Dies sieht das Gericht als ein „allgemeines Lebensrisiko" für die Tiere an.[22] Der Tötungstatbestand wird nach seiner Auffassung erst erfüllt, wenn das konkrete Vorhaben das Risiko einer Tötung von Tieren signifikant erhöht.[23] Eine signifikante Erhöhung des Lebensrisikos setzt nach Auffassung des VGH Kassel voraus, dass die Kollisionen mit einer gewissen Wahrscheinlichkeit eintreten. Bei Ereignissen, die nur mit einer geringen Wahrscheinlichkeit eintreten, „kann angesichts der fehlenden Voraussehbarkeit des Ereignissen nicht mehr von einer absichtlichen Tötung" ausgegangen werden.[24]

---

[15] *Lorz*, Naturschutz-, Tierschutz- und Jagdrecht, Kommentar, 2. Aufl, München 1967, S. 115.
[16] *Lorz* (Fn. 17), S. 118.
[17] *Louis*, Bundesnaturschutzgesetz, Kommentar der unmittelbar geltenden Vorschriften, Braunschweig 1994, § 20 f Rdnr. 5.
[18] EuGH, Urt. v. 30. 1. 2002 – Rs. C-103/00, NuR 2004, 596 ff.
[19] EuGH (Fn. 21), S. 596/597, Rdnr. 34 und 35; *Louis* NuR 2004, 557, 559.
[20] VGH München, Urt. v. 28.1.2008 – 8 A 05.40018, NuR 2008, 582, 583; ebenso VGH Mannheim, Urt. v. 25.4.2007 – 5 S 2243/05, NuR 2007, 685, 686.
[21] BVerwG, Urt. v. 9.7.2008 – 9 A 14.07, Rdnr. 91.
[22] So auch die Begründung zur „kleinen Novelle", BT-Drs. 16/5100, S. 11 zu § 42.
[23] BVerwG, Urt. v. 9.7.2008 – 9 A 14.07, Rdnr. 91; BVerwG, Urt. v. 12.3.2008- 9 A 3.06, NuR 2008, 633, 653, Rdnr. 220.
[24] VGH Kassel, Urt. v. 16.7.2008 – 11 C 1975/07.T., NuR 2008, 785, 804.

Zusammenfassend wird man davon ausgehen können, dass ein signifikant erhöhtes Risiko einer Tötung gegeben ist, wenn die Wahrscheinlichkeit des Todes sich infolge der Errichtung oder des Betriebs der Anlage deutlich erhöht. Davon ist insbesondere auszugehen, wenn die Tiere mit beweglichen Gegenständen wie Autos oder Windkraftanlagen konfrontiert werden, deren Bewegung und Geschwindigkeit sie nicht berechnen können. Unbeweglichen Anlagen hingegen können Tiere regelmäßig ausweichen, so dass eine Tötung nicht vorliegt, wenn Einzelne und in Sonderfällen auch viele Tiere damit kollidieren. Selbst wenn unter ungünstigen Bedingungen tatsächlich Kollisionen vorkommen können, liegt keine Tötung vor, wenn dieses Ereignis nicht mit einer hohen Wahrscheinlichkeit vorherzusehen ist. Ansonsten liegt auch dieses Ereignis im Bereich des „allgemeinen Lebensrisikos" der Tiere. Selbst wenn ein erheblicher Teil der Population von einem eher unwahrscheinlichen Ereignis betroffen ist, wird der Tatbestand der Tötung nach § 42 Abs. 1 Nr. 1 BNatSchG nicht erfüllt. Die Erfüllung des Verbotstatbestandes erfordert eine hohe Wahrscheinlichkeit einer Tötung, die reine Möglichkeit alleine genügt nicht. Unbewegliche Anlagen können allerdings eine Tötung bewirken, wenn eine Gefahrerhöhung auf Grund der Gestaltung eines Gebäudes eintritt, z. B. wenn das Gebäude wegen einer kompletten Verglasung für die Tiere nicht erkennbar ist und somit eine hohe Wahrscheinlichkeit gegeben ist, dass sie damit kollidieren und zu Tode kommen.

4.1.2 Der Lebensstättenschutz

4.1.2.1 Die Lebensstätten

Während es bisher verboten war, Nist-, Brut-, Wohn- oder Zufluchtstätten von Tieren der besonders geschützten Arten der Natur zu entnehmen, zu beschädigen oder zu zerstören, ist es nunmehr verboten, Fortpflanzungs- und Ruhestätten solcher Tiere aus der Natur zu entnehmen, sie oder ihre Standorte zu beschädigen oder zu zerstören. In der Begründung wird dazu ausgeführt: „In Nummer 3 wird der auch bisher vorgesehene Schutz bestimmter Lebensstätten aus dem Individuenschutz herausgelöst und tatbestandlich eigenständig gefasst. Dabei entsprechen die nunmehr gewählten Begriffe „Fortpflanzungs- und Ruhestätten" dem Wortlaut von Artikel 12 Abs. 1d) FFH-Richtlinie. Von ihnen umfasst sind aber auch „Nester" im Sinne von Artikel 5 Buchstabe b Vogelschutzrichtlinie."[25] Zu den Fortpflanzungsstätten zählen nicht nur die Orte, an denen konkret eine Fortpflanzung stattfindet, sondern auch Brut- und Aufzuchtbereiche, die Teil der Fortpflanzung sind. Somit ist ein Bereich solange eine Fortpflanzungsstätte, bis die Fortpflanzung zu überlebensfähigen Nachkommen geführt hat. Fortpflanzungsstätten sind die bisher geschützten Nist- und Brutstätten.

Der Schutz der Fortpflanzungsstätte besteht auch für den Zeitraum, in dem die Lebensstätten nicht genutzt werden, wenn eine regelmäßige Wiedernutzung er-

---

[25] BT-Drs. 15/5100, S. 11 zu Nr. 7.

folgt.²⁶ Potenzielle Lebensstätten hingegen fallen nicht unter die Verbotstatbestände.²⁷ Werden Spechthöhlen außerhalb der Fortpflanzungszeiten beseitigt, liegt keine Zerstörung von Lebensstätten vor, da Spechte ihre Höhlen neu bauen. Die Tatsache, dass diese verlassenen Höhlen in Zukunft Fledermäusen dienen können, führt nicht dazu, dass damit Lebensstätten der Fledermäuse zerstört werden, da es sich um potenzielle Lebensstätten handelt.²⁸

Der Begriff der „Ruhestätte" ist ebenfalls neu. Darunter versteht man Bereiche, in die sich Tiere nach der Nahrungssuche oder nach Auseinandersetzungen mit Artgenossen oder Feinden zurückziehen.

Es sind Bereiche die für das Überleben eines Tieres oder einer Gruppe von Tieren während der nicht aktiven Phase erforderlich sind.²⁹ Dazu gehören die früher geschützten Zufluchtsstätten ebenso wie die früher geschützten Wohnstätten. Ruhestätten dienen der Wärmeregulierung, z. B. bei Echsen, der Rast, dem Schlaf oder der Erholung, als Versteck, zum Schutz oder als Unterschlupf für die Überwinterung, insbesondere dem Winterschlaf.

Die Lebensstätten sind aber nur in ihrer konkreten Funktion geschützt. Da nur die nicht aktiven Phasen geschützt sind, unterliegen andere Phasen nicht dem Schutz, auch wenn sie in der Ruhestätte stattfinden. Sind die Ruhestätten zugleich Nahrungshabitate, erweitert sich der Schutz nicht auf diese Funktion. Nur wenn es außerhalb der Ruhestätten keinerlei erreichbare Nahrungshabitate gibt, so dass die Ruhestätten aus diesem Grund aufgegeben werden müssen, ist auch die Funktion als Nahrungshabitat geschützt.

4.1.2.2 Zerstörung, Beschädigung und Naturentnahme

Die Lebensstätten sind gegen eine Zerstörung, eine Beschädigung und die Entnahme aus der Natur geschützt. Die Trias der Verbote spricht dafür, dass eine Beschädigung oder eine Zerstörung materielle Veränderungen an der Lebensstätte erfordert. Würde alleine auf die Funktionsfähigkeit abgestellt, ohne Rücksicht auf eine substanzielle Veränderung, so wäre die Naturentnahme immer zugleich eine Zerstörung, weil die Funktion der Lebensstätte völlig verloren geht. Wenn der Gesetzgeber aber die Naturentnahme gesondert erwähnt, spricht einiges dafür, dass er die Naturentnahme nicht als Zerstörung oder Beschädigung ansieht, wenn sie ohne eine materielle Veränderung der Lebensstätte erfolgt. Es wird das komplette Nest der Natur entnommen, ohne es selbst zu beeinträchtigen. Wird die Lebensstätte an

---

[26] VGH Kassel, Urt. v. 21.2.2008 – 4 N 869/07, NuR 2008, 352, 355.
[27] BVerwG, Urt. v. 12.3.2008 – 9 A 3.06, NuR 2008, 633, 654, Rdnr. 222.
[28] BVerwG, Urt. v. 9.7.2008 – 9 A 14.07, Rdnrn. 75,100.
[29] EU-Kommission, Guidance document on the strict protection of animal species fo Community interest under the Habitat-Directive 92/43 EEC, Final Version, Februarasy 2007, S. 47.

einen anderen Ort verbracht, wo sie weiterhin ihre Funktion wahrnehmen kann, handelt es sich nicht um eine Naturentnahme.[30]

Beschädigung und Zerstörung setzen eine nicht ganz unerhebliche Verletzung der Substanz der Lebensstätte voraus. Es wird eine Mangelhaftigkeit herbeigeführt.[31] Die Zerstörung führt zur vollständigen Unbrauchbarkeit, die Beschädigung zu einer partiellen Mangelhaftigkeit. Hierzu genügt jede physische oder chemische Einwirkung auf die Lebensstätte. Dazu gehören das Hinzufügen oder Wegnehmen von Stoffen, z. B. das Verschließen des Eingangs zu einer Lebensstätte. Für eine chemische Einwirkung genügt es, dass der Geruch eines Menschen nach der Berührung der Lebensstätte oder des Jungtiers dazu führt, dass sie nicht mehr genutzt wird oder die Betreuung der Jungen aufgegeben wird. Erforderlich ist aber, dass das geschützte Objekt selbst betroffen ist, eine mittelbare Beeinträchtigung genügt nicht. Das Aufstellen einer Vogelscheuche vor einem Nest ist eine Beeinträchtigung, da der Fortpflanzungsstätte etwas hinzugefügt wird.[32] Dagegen genügt eine vorübergehende Beschallung nicht, auch wenn die Lebensstätte dadurch ihre Funktion verliert. Dies stellt vielmehr eine Störung dar.[33]

Das Zugriffsverbot für besonders geschützte Pflanzen findet sich in § 44 Abs. 1 Nr. 4 BNatSchG 2009. Es umfasst das Verbot der Entnahme, Beschädigung oder Zerstörung der geschützten Pflanzen. Verboten ist auch die Beschädigung oder Zerstörung der Standorte dieser Pflanzen. Damit werden sämtliche bisher unter § 42 Abs. 1 Nr. 2 und Nr. 4 BNatSchG 2002. verbotenen Tathandlungen erfasst wie Abschneiden, Abpflücken, Aus- oder Abreißen, Ausgraben, Beschädigen oder Vernichten. Die neue Formulierung ist ein sprachlicher Gewinn.

4.1.3 Störungsverbote

Nach § 44 Abs. 1 Nr. 2 BNatSchG 2009 ist es verboten, wild lebende Tiere der streng geschützten Arten und der europäischen Vogelarten während der Fortpflanzungs-, Mauser-, Überwinterungs- und Wanderzeiten erheblich zu stören. Eine Störung ist gegeben, wenn eine Einwirkung auf das Tier erfolgt, die von diesem als nachteilig realisiert wird. Eine Störung setzt also eine negative Wahrnehmung bei dem gestörten Tier voraus. Sie erfordert eine unwillkommene Einwirkung auf die psychische Verfassung eines Tieres voraus.[34] Die Handlung muss geeignet sein, bei dem Tier eine Reaktion wie z. B. Unruhe oder Flucht hervorzurufen.[35] Die Störung

---

[30] *Louis* (Fn. 56) § 20 f Rdnr. 11.
[31] So schon Lorz (Fn. 18), zu § 12 NatSchVO, S. 118; diese Definition übernehmen auch Lorz/Müller/Stöckel (Fn. 9), § 42 Rdnr. 8.
[32] Anders noch *Louis* (Fn. 56), § 20 f Rdnr. 12.
[33] S. unter 3.1.3.
[34] *Louis* (Fn. 56), § 20 f Rdnr. 16; Lorz/Müller/Stöckl (Fn. 53), § 42 Rdnr. 8.
[35] *Schumacher/Fischer-Hüftle*, Bundesnaturschutzgesetz, Kommentar, Stuttgart 2003, § 42 Rdnr. 17.

von Tieren wird häufig mit deren Beunruhigung gleichgesetzt.[36] Eine Störung kann bau- oder betriebsbedingt eintreten.[37] Zu den Störungen gehören insbesondere Auswirkungen wie Lärm, Licht oder Bewegungsreize, die auf die betroffenen Tiere einwirken. Deutlich wird aber, dass eine Störung nur vorliegen kann, wenn das Tier sie überhaupt wahrnimmt. Hingegen liegt keine Störung vor, wenn sich z. B. der Lebensraum verschlechtert oder andere Ereignisse eintreten, die von dem Tier nicht unmittelbar realisiert werden. Eine Trennung von Lebensbereichen stellt nur dann eine Störung dar, wenn sie von den Tieren als beeinträchtigend oder beunruhigend erlebt wird.[38] Bemerkt das Tier die Unterbrechungen von Verbindungen nicht, liegt darin keine Störung. sondern ggf. ein Verstoß gegen das Tötungsverbot, wenn eine signifikante Erhöhung des Tötungsrisikos eintritt. Ansonsten sind solche Unterbrechungen als Eingriffe in die Leistungs- und Funktionsfähigkeit des Naturhaushalts in der Eingriffsregelung zu berücksichtigen.

Bei der Abgrenzung zwischen einer Störung und einer Beschädigung oder Zerstörung einer Lebensstätte ist zunächst zu beachten, worauf sich die Handlung auswirkt. Eine Störung beeinträchtigt immer das Tier selbst, wohingegen eine Beschädigung oder Zerstörung Auswirkungen auf die Lebensstätte hat. Beschädigen oder Zerstören setzt eine physische Einwirkung auf die Lebensstätte voraus, durch Hinzufügen oder Wegnehmen von Bestandteilen, die zu einer Verschlechterung der Funktionsfähigkeit der Stätte führt.[39] Die Störung hingegen lässt die Lebensstätte physisch unverändert, beeinträchtigt die Funktionsfähigkeit aber durch Einwirkungen auf die Psyche des Tieres. Eine Handlung kann zugleich die Tatbestandsmerkmale von § 44 Abs. 1 Nr. 2 und 3 BNatSchG 2009 erfüllen. Verlassen Tiere ihre Lebensstätten, weil diese verlärmt werden, kann dies eine Beschädigung oder Zerstörung der Lebensstätte sein, wenn diese permanent ihre Funktion verliert.

Durch § 42 Abs. 1 Nr. 2 BNatSchG 2007 wurden die Störungsverbote von Lebensstätten, nämlich den Nist-, Brut-, Wohn- und Zufluchtstätten, auf bestimmte Zeiten verlagert. Natürlich sind damit auch die entsprechenden Stätten geschützt, wenn die Fortpflanzung, Mauser, Überwinterung oder Wanderung der Tiere an bestimmte Flächen gebunden ist. Allerdings geht der Schutz nun weiter, denn während dieser Phasen sind auch Tiere geschützt, die für die geschützten Lebensphasen keine festgelegten Bereiche benutzen. Zudem sind alle Tiere zu diesen Zeiten geschützt, auch einzelne Tier, die – aus welchen Gründen auch immer – die geschützten Phasen nicht durchlaufen, also z. B. nicht brüten oder sich nicht mausern.

---

[36] *Schumacher/Fischer-Hüftle* (Fn. 75) § 42 Rdnr. 17; *A.Schmidt-Räntsch* in Gassner/, Bundesnaturschutzgesetz, Kommentar, 2. Aufl. München 2003, § 42 Rdnr. 10; *Fellenberg* in Kerkmann, Naturschutzrecht in der Praxis, Berlin 1007, S. 273.
[37] *Fellenberg* (Fn. 76), S. 273 m. w. N.
[38] Weitergehend ohne Begründung: BVerwG, Urt. v. 9.7.1008 – 9 A 14.07, Rdnr. 105. In Rdnr. 108 wird die Unterbrechung der Austauschbeziehungen zwischen den Lebensräumen des Kleinen Wasserfrosches als Störung behandelt, ohne das dargelegt wird, wie die Störung konkret erfolgt.
[39] S. o. 3.2.

Durch eine Summierung der verschiedenen Schutzzeiten kann es zu einem ganzjährigen Schutz kommen. So kann z. B. Grünland einem ganzjährigen Störungsverbot unterliegen, weil es im Laufe des Jahres als Fortpflanzungs-, Mauser-, Überwinterungs- und Wanderfläche der verschiedenen Vogelarten oder sogar der gleichen Vogelart dient.

Anders als nach der bisherigen Rechtslage, muss die Störung erheblich sein. Damit sollen unwesentliche Beeinträchtigungen aus dem Tatbestand ausgenommen werden. Eine erhebliche Störung liegt auf Grund der gesetzlichen Regelungen vor, wenn sich der Erhaltungszustand der lokalen Population verschlechtert.

Der Gesetzgeber stellt für den Erhaltungszustand ausdrücklich auf die lokale Population ab, auch wenn Art. 16 FFH-RL sich auf den Zustand im Verbreitungsgebiet bezieht. Es ist lokalen Behörden nicht ohne weiteres möglich, den Erhaltungszustand von Arten im Verbreitungsgebiet zu beurteilen. Dafür fehlen die erforderlichen Daten. Weisen die lokalen Arten europaweit einen guten Erhaltungszustand auf, folgt daraus ein guter Erhaltungszustand im gesamten Verbreitungsgebiet. Als Population definiert § 7 Abs. 2 Nr. 6 BNatSchG 2009 „eine biologisch oder geografisch abgegrenzte Zahl von Individuen". Eine lokale Population bilden die in einem durch die Lebensraumansprüche einer Art bestimmten Bereich vorkommenden Bestände einer Art, unabhängig vom Bestehen einer Fortpflanzungsgemeinschaft.[40] Die Bestimmung lokaler Populationen kann insbesondere bei Arten mit großen Flächenansprüchen wie Greifvögeln oder Fledermäusen schwierig sein. Bei der Beurteilung der Beeinträchtigung der lokalen Population werden vorgesehene Vermeidungsmaßnahmen berücksichtigt, nicht aber sonstige Kompensationsmaßnahmen.

4.2 Freistellungen, Ausnahmen und Befreiungen von den artenschutzrechtlichen Verboten

Die artenschutzrechtlichen Verbote des § 44 BNatSchG 2009 gelten nicht uneingeschränkt. § 45 BNatSchG 2009 sieht gesetzliche Freistellungstatbestände vor, die diese artenschutzrechtlichen Regelungen entfallen lassen. Zudem können spezifische Ausnahmetatbestände greifen, die allerdings einen Antrag des Verursachers voraussetzen. Schließlich gibt es noch einen unspezifischen Befreiungstatbestand, bei dem auf Antrag die artenschutzrechtlichen Verbote wegen Unzumutbarkeit nicht angewendet werden.

4.2.1 Die gesetzlichen Freistellungstatbestände

Die bisherigen gesetzlichen Freistellungstatbestände des § 43 Abs. 4 BNatSchG 2002 finden sich nunmehr in § 44 Abs. 4 und 5 BNatSchG 2009. Nach § 43 Abs. 4

---

[40] So *Gellermann* NuR 2007, 783/785.

BNatSchG 2002 entfielen die artenschutzrechtlichen Verbote, wenn eine Ausnahme vom besonderen Biotopschutz nach § 30 Abs. 2 BNatSchG 2009 erteilt wurde. Die Ausnahmeentscheidung hatte die artenschutzrechtlichen Wertungen und Einschätzungen zu berücksichtigen. Diese Verbindung der Ausnahme nach § 30 Abs. 2 BNatSchG 2002 mit den artenschutzrechtlichen Verboten ist mit der Novelle entfallen. Somit bedarf es ggf. einer Ausnahme von den Vorschriften zum Biotopschutz und zugleich einer artenschutzrechtlichen Ausnahme oder Befreiung, wenn neben den Verboten des § 30 Abs. 1 BNatSchG 2009 zum Schutz von Biotopen zugleich artenschutzrechtliche Verbote nach § 44 Abs. 1 BNatSchG erfüllt werden. Die übrigen Freistellungstatbestände sind geblieben, auch wenn sie variiert werden. Nach § 44 Abs. 6 BNatSchG gelten die Zugriffs- und Besitzverbote „nicht für Handlungen zur Vorbereitung gesetzlich vorgeschriebener Prüfungen, die von fachkundigen Personen unter größtmöglicher Schonung der untersuchten Exemplare und der übrigen Tier- und Pflanzenwelt im notwendigen Umfang vorgenommen werden". Damit wird die frühere Freistellung im Rahmen der Umweltverträglichkeitsprüfung auch auf andere Bestandsaufnahmen, z. B. im Rahmen der Eingriffsregelung, ausgeweitet.

Während § 44 Abs. 4 BNatSchG 2009 die Freistellung der land-, forst- und fischereiwirtschaftlichen Bodennutzung regelt, stellt § 44 Abs. 5 BNatSchG 2009 die nach § 15 BNatSchG 2009 zulässigen Eingriffe und Bauvorhaben im Innenbereich von den artenschutzrechtlichen Regelungen frei.

Schon die Entscheidung des EuGH[41] führte dazu, dass die europäisch geschützten Arten anders als die national geschützten Arten zu behandeln waren. Die Unwirksamkeit der Freistellung der land-, forst- und fischereiwirtschaftlichen Bodennutzung und der zugelassenen Eingriffe galt auf Grund des Urteils nur für europäisch geschützte Arten. Eine weitergehende Kontrollbefugnis der deutschen Rechtsnormen steht dem EuGH nicht zu, so dass die Freistellung des § 43 Abs. 4 BNatSchG 2002 vom Artenschutz für die national geschützten Arten weiterhin galt.[42] Diesem Ansatz folgte die kleine Novelle und auch das BNatSchG 2009. Der bisher einheitliche Artenschutz wird nunmehr auseinandergerissen: Die über Art. 1 Abs. 1 V-RL geschützten wild lebenden europäischen Vogelarten sowie die über Anhang IV FFH-RL geschützten Tiere und Pflanzen werden rechtlich anders behandelt als die nach nationalem Recht geschützten Arten. Für die national geschützten entfallen die Verbote des Artenschutzes, wenn es sich um Vorhaben im Innenbereich handelt. Ebenso finden die Verbote keine Anwendung, wenn es sich um zugelassene Eingriffe handelt. Nach § 18 Abs. 2 S. 1 BNatSchG 2009 gilt die Eingriffsregelung nur im Außenbereich, so dass bei zugelassenen Eingriffen im Außenbereich der Artenschutz für die national geschützten Arten entfällt.

§ 44 Abs. 5 BNatSchG 2009 spricht von nach § 15 BNatSchG 2009 zulässigen Eingriffen und nicht wie bisher § 43 Abs. 4 BNatSchG 2002 „von der Ausführung

---

[41] Vgl. Fn. 1.
[42] Im Ergebnis wohl auch BVerwG, Urt. v. 21.6.2006 – 9 A 28.05, NuR 2006, 779/782, Rn. 38.

eines nach § 19 zugelassenen Eingriffs". Damit soll klargestellt werden, dass die Verbotstatbestände schon in der Zulassungsentscheidung entfallen und nicht erst bei der Realisierung des zugelassenen Eingriffs. Eingriffe nach § 19 Abs. 1 BNatSchG 2002 (nunmehr §15 Abs. 1 BNatSchG 2009) sind Veränderungen der Gestalt oder Nutzung einer Grundfläche, die zu einer erheblichen Beeinträchtigung der Funktions- und Leistungsfähigkeit des Naturhaushalts oder des Landschaftsbilds führen können. Die Eingriffsregelung ist gemäß § 18 Abs. 2 S. 1 BNatSchG 2009 auf den Außenbereich beschränkt. Die Freistellung vom Artenschutz für den Innenbereich wird erreicht, indem Vorhaben nach den §§ 30, 33 und 34 BauGB von den artenschutzrechtlichen Verboten ausgenommen sind. Dies gilt uneingeschränkt für national geschützte Arten. Bisher waren die artenschutzrechtlichen Verbote im Innenbereich uneingeschränkt anwendbar.[43] Da die Eingriffsregelung nach den §§ 15 ff. BNatSchG 2009 bei Vorhaben nach § 34 BauGB nicht anwendbar war, entfiel auch die Freistellung für Eingriffe nach § 43 Abs. 4 BNatSchG 2002. Auch im überplanten Bereich galten die artenschutzrechtlichen Verbote, da die baurechtliche Eingriffsregelung nach § 1a Abs. 3 BauGB keine Zulassung nach § 19 BNatSchG 2002 darstellte. Der Schutz der national geschützten Arten wird damit drastisch reduziert.

Für die in Anhang IV FFH-RL aufgeführte Arten und für die europäischen Vogelarten entfallen die artenschutzrechtlichen Verbote des § 44 BNatSchG hinsichtlich der mit den Vorhaben unvermeidbar einhergehenden Beeinträchtigungen, soweit die betroffenen Fortpflanzungs- und Ruhestätten ihre ökologischen Funktionen im räumlichen Zusammenhang weiterhin erfüllen. Dies kann auch durch vorgezogene Ausgleichsmaßnahmen erreicht werden. Die artenschutzrechtlichen Verbote entfallen aber nur, wenn diese Ausgleichsmaßnahmen im Zeitpunkt der Realisierung des Eingriffs oder des baulichen Vorhabens funktionsfähig sind. Andernfalls treten die Freistellungen von den artenschutzrechtlichen Verboten nicht ein und es ist eine Ausnahme oder Befreiung erforderlich.

Bei Vorhaben nach § 30 oder § 33 BauGB geht der Gesetzgeber davon aus, dass die Probleme mit den Fortpflanzungs- und Ruhestätten in der Eingriffsregelung nach § 1a Abs. 3 BauGB abgehandelt werden. Sofern der Bebauungsplan keine Regelungen zur Überwindung der artenschutzrechtlichen Probleme enthält, gelten die Verbote des § 44 BNatSchG auch bei Vorhaben nach den §§ 30 und 33 BauGB. Diese Regelung ist neu. Bei der Beschädigung oder Zerstörung von Fortpflanzungs- und Ruhestätten entfallen die Verbote, wenn diese Lebensstätten im räumlichen Zusammenhang ihre ökologische Funktion weiterhin wahrnehmen können. Dies kann auch durch vorgezogenen Ausgleich erreicht werden. Fehlt es im Genehmigungsverfahren an dem erforderlichen Zeitraum, um dies zu erreichen, ist eine Ausnahme nach § 45 Abs. 7 BNatSchG 2009 erforderlich. Diese Ausnahme kann aber nur zugunsten überwiegender öffentlicher Interessen erteilt werden, nicht zu Gunsten eines einzelnen Privaten, außer sein Vorhaben liegt zugleich im

---

[43] Zu der etwas unklaren Rechtsprechung des BVerwG in dieser Frage vgl. *Louis* NuR 2001, 388.

öffentlichen Interesse. Handelt die Gemeinde die Probleme nicht im Bebauungsplan ab, kann dies die Unbebaubarkeit des Grundstücks nach sich ziehen, ggf. auch mit Amtshaftungsansprüchen. Eine Befreiung dürfte ebenfalls nicht zu erteilen sein, denn es ist nicht Aufgabe der Befreiung, planerische Mängel in der Bauleitplanung zu heilen.

Für Vorhaben nach § 34 BauGB muss die Erhaltung der ökologischen Funktion der Fortpflanzungs- und Ruhestätten ebenfalls sichergestellt werden, sollen die artenschutzrechtlichen Verbote entfallen. In der Baugenehmigung sind die erforderlichen vorgezogenen Ausgleichsmaßnahmen festzusetzen. Insofern spielt es keine Rolle, dass die Eingriffsregelung nach § 18 Abs. 2 S. 1 BNatSchG 2009 nicht anwendbar ist, da es sich um artenschutzrechtliche Ausgleichsmaßnahmen handelt. Es besteht allerdings die Möglichkeit, die Anwendung der Eingriffsregelung im unbeplanten Innenbereich zu beantragen, um einer Haftung für eventuelle Biodiversitätsschäden zu entgehen.[44]

Neben den Verboten des § 44 Abs. 1 Nr. 3 BNatSchG 2009 entfällt für die mit dem Eingriff oder dem Vorhaben verbundenen unvermeidbaren Beeinträchtigungen auch das Tötungsverbot nach § 44 Abs. 1 Nr. 1 BNatSchG 2009. Insofern scheint das Töten eines Tieres erlaubt zu sein, wenn die Lebensstätte ihre ökologische Funktion beibehält. § 44 Abs. 5 S. 2 BNatSchG eröffnet die Freistellung von den artenschutzrechtlichen Verboten ausdrücklich nur, wenn es sich um eine „unvermeidbare Beeinträchtigung" handelt. Das gilt auch für das Tötungsverbot, so dass auch bei Erhaltung der ökologischen Funktion der Lebensstätten die Tötung eines Tieres nur zulässig ist, wenn sie nicht vermieden werden kann.

4.2.2 Die antragsabhängigen Ausnahme- und Befreiungstatbestände

Die bisherigen Ausnahmetatbestände nach § 43 Abs. 8 Nrn. 1 bis 3 BNatSchG 2002 werden durch § 43 Abs. 8 Nrn. 4 und 5 BNatSchG 2007 um zwei Tatbestände erweitert. Diese Regelung ist in § 45 Abs. 7 BNatSchG 2009 übernommen worden. Eine Ausnahme ist nach § 45 Abs. 7 Nr. 4 BNatSchG 2009 „im Interesse der Gesundheit des Menschen, der öffentlichen Sicherheit einschließlich der Landesverteidigung und des Schutzes der Zivilbevölkerung, oder der maßgeblichen günstigen Auswirkungen auf die Umwelt" zulässig. Der Gleichklang mit § 34 Abs. 4 Satz 1 BNatSchG 2009, der eine Beteiligung der Kommission bei der Zulassung von Projekten im Abweichungsverfahren vorschreibt, wenn prioritäre Lebensraumtypen oder prioritäre Arten erheblich beeinträchtigen können, ist offensichtlich. Insofern liegen zu diesen Tatbestandsmerkmalen schon Erfahrungen vor. § 45 Abs. 7 Nr. 5 BNatSchG 2009 erlaubt eine Ausnahme „aus anderen zwingenden Gründen des überwiegenden öffentlichen Interesses einschließlich solcher sozialer

---

[44] Vgl. dazu *Louis*, Der Biodiversitätsschaden nach § 21a des Bundesnaturschutzgesetzes, im März-Heft von Natur und Recht, unter Pkt. 7.

und wirtschaftlicher Art". Auch hier hat die FFH-Verträglichkeitsprüfung nach § 34 Abs. 3 Nr. 1 BNatSchG 2009 Pate gestanden.

Für nationale geschützte Arten gilt weiterhin, dass die artenschutzrechtlichen Verbote des § 44 Abs. 1 und 2 BNatSchG im Rahmen der ordnungsgemäßen land-, forst und fischereiwirtschaftlichen Bodennutzung, bei der Zulassung von Eingriffen nach § 15 BNatSchG 2009 und für bauliche Vorhaben im Innenbereich nach den §§ 30, 33 und 34 BauGB nicht gelten. Daher dürfte kaum Bedarf bestehen, für Maßnahmen oder Vorhaben, die national geschützte Arten betreffen, auf die Ausnahmen zurückzugreifen. Diese Vorschriften werden in erster Linie für die europäisch geschützten Tier- und Pflanzenarten relevant. Für alle Ausnahmen nach § 45 Abs. 7 BNatSchG 2007 gilt wie bisher, dass eine Ausnahme nur erteilt werden darf, wenn keine zumutbare Alternative besteht, sich der Erhaltungszustand der Population nicht verschlechtert und Art. 16 FFH-RL keine weitergehenden Anforderungen stellt.

Das Tatbestandsmerkmal der zumutbaren Alternative war bisher in § 43 Abs. 8 BNatSchG 2002 nicht ausdrücklich vorgesehen. Auch hier kann auf Erfahrungen mit § 34 Abs. 3 Nr. 2 BNatSchG 2002 zurückgegriffen werden, der im Abweichungsverfahren ebenfalls darauf abstellt, dass es zu dem ein Natura-2000-Gebiet beeinträchtigenden Projekt oder Plan keine zumutbare Alternative gibt. Besteht die Möglichkeit von vorgezogenen Ausgleichsmaßnahmen nach § 44 Abs. 5 S. 3 BNatSchG 2009, darf eine Ausnahme nicht erteilt werden, weil diese Ausgleichsmaßnahmen im Regelfalle eine zumutbare Alternative darstellen.

Die weitergehenden Anforderungen nach Art. 16 FFH-RL, auf die § 45 Abs. 7 S. 2 BNatSchG 2009 abstellt, dürften aus der Rechtsprechung des EuGH folgen, der eine Anwendung des Art. 16 FFH-RL nur zulässt, wenn sich die betroffene Art in einem guten Erhaltungszustand befindet. Ist das nicht der Fall, kann eine Ausnahme nur bei „außergewöhnlichen Umständen" erteilt werden.[45] Auch sonst dürfte dies eine Öffnungsklausel sein, falls sich die Auslegung des Art. 16 FFH-RL aufgrund der Rechtsprechung des EuGH ändern sollte.

Da die öffentlichen Interessen nunmehr in den Ausnahmen nach § 43 Abs. 8 Nrn. 4 und 5 BNatSchG 2007 berücksichtigt werden, wurden diese Tatbestandselemente in § 62 BNatSchG 2007 gestrichen. Eine Befreiung kann nach § 67 Abs. 1 S. 2 und Abs. 2 BNatSchG 2009 nur erteilt werden, wenn die Durchführung der Verbote des § 44 Abs. 1 und 2 BNatSchG 2009 im Einzelfall zu einer unzumutbaren Belastung führen würde. Die Norm stellt nunmehr ausschließlich auf den Grundsatz der Verhältnismäßigkeit ab.

---

[45] EuGH; Urt. vom 10.5.2007 – C-342/05, NuR 2007, 477, Rdnr. 29; *Gellermann* NuR 2007, 783/789.

X Bodenschutz, Baurecht auf Zeit im Außenbereich

Michael Krautzberger

I. Überblick

„Bodenschutz" und „Baurecht auf Zeit" sind Regelungsbereiche des Städtebaurechts, die eine Reihe von inneren Zusammenhängen aufweisen. Sie sind nicht nur für die Bauleitplanung bedeutsam, sondern ebenso für die Außenbereichsvorhaben. Im Folgenden wird den Zusammenhängen beider Regelungsbereiche im Städtebaurecht nachgegangen und sodann die besondere Ausformung im Recht der Zulassung von Außenbereichsvorhaben behandelt.

1. Die Regelungen des Bodenschutzes im Baugesetzbuch

a) „Bodenschutz" wird im Baugesetzbuch vor allem mit der Bauleitplanung in Zusammenhang gebracht: Die sog. „Bodenschutzklausel" des § **1a Abs. 2 BauGB** zielt auf einen wesentlichen umweltpolitischen Aspekt der Bauleitplanung ab, der nach § 1 Abs. 5 Satz 2 BauGB dazu beitragen soll, die natürlichen Lebensgrundlagen zu schützen und zu entwickeln. Im Rahmen der Bauleitplanung wird über das „Ob" und „Wie" der Inanspruchnahme von Flächen für bauliche Zwecke entschieden. Die Befugnis der Gemeinden, im Rahmen ihrer Zuständigkeit mit den Mitteln der Bauleitplanung die bauliche und sonstige Nutzung vorzubereiten und zu leiten, korrespondiert mit der Verpflichtung, dabei mit Grund und Boden sparsam und schonend umzugehen und die Bodenversiegelung auf das notwendige Maß zu begrenzen. Die Gemeinde hat dieser Verpflichtung nach Maßgabe des § 1 Abs. 6 Nr. 7b BauGB und § 1 Abs. 7 BauGB sowie § 1a Abs. 2 Satz 3 BauGB in der planerischen Abwägung nachzukommen. § 1a Abs. 2 BauGB enthält eine auf den Bodenschutz gerichtete und auf die speziellen Aufgaben der Bauleitplanung bezogene Verpflichtung für die Planung. Der Regelung des Verhältnisses von Bauleitplanung zu der sog. naturschutzrechtlichen Eingriffsregelung in § 1a Abs. 3 BauGB kommt hier gleichfalls Bedeutung zu, ohne dass im BBodSchG und im Bundesnaturschutzgesetz das Verhältnis beider sich beim Schutzgut z.T. überlappenden Regelungen näher spezifiziert wird[1].

b) Das BauGB enthält seit der BauGB-Novelle 2007[2] ein spezielles Planungsinstrument zur Umsetzung der Bodenschutzklausel: Das beschleunigte Verfahren für

---

[1] Vgl. hierzu weiter Krautzberger, 20 Jahre Bodenschutzklausel im Städtebaurecht, in: Festschrift für Rengeling, Köln 2008, S. 139.
[2] Gesetz vom 21.12.2006 (BGBl. I S. 3316).

Bebauungspläne der Innenentwicklung nach § **13a BauGB**. Die BauGB-Novelle 2007 ließ zwar die Bodenschutzklausel unverändert, § 13a über den „Bebauungsplan der Innenentwicklung" griff jedoch in der gesetzlichen Beschreibung des Anwendungsbereichs wörtlich die Vorgabe des § 1a Abs. 2 Satz 1 Halbsatz 2 auf, nämlich Bebauungspläne „für die Wiedernutzbarmachung von Flächen, Nachverdichtung und andere Maßnahmen zur Innenentwicklung". Das rechtspolitische Ziel, das mit § 13a angestrebt wurde und wird, ist eine Begünstigung einer Entwicklung des Gemeindegebiets „nach innen", d. h. von Bebauungsplänen zugunsten der Innenentwicklung. Dieses Ziel liegt dem Städtebaurecht wie eine Leitvorstellung zugrunde; sie ist kennzeichnend für das europäische Stadtverständnis, sieht sich aber angesichts massiver Wachstumstendenzen und einer Siedlungsentwicklung in die Fläche und das Umland der Städte und Gemeinden seit Jahrzehnten erheblichen Gefährdungen ausgesetzt: Wachstum der Städte in die Fläche hinein, Zersiedelung der Landschaft, Gefahr disperser Siedlungs- und Stadtstrukturen, peripherer "Einfamilienhausbrei" und periphere, die gewachsene urbanen Zentren gefährdende Handelszentren, die auf die Grüne Wiese außerhalb der Städte reichen[3].

§ 13a setzt damit insbesondere auch die Leitlinie des § 1a Abs. 2 Satz Halbsatz 2 BauGB über das Ziel der gemeindlichen Innenentwicklung um. Der verpflichtende Charakter dieser Regelung findet in § 13a damit eine Instrumentierung.

c) Zu den weiteren städtebaurechtlichen Akzenten zugunsten der Innenentwicklung sind mit der BauGB-Novelle 2007 zusätzliche Schwerpunkte gesetzt worden; namentlich mit dem neuen städtebaulichen Belang der Erhaltung und Entwicklung zentraler Versorgungsbereiche (§ 1 Abs. 6 Nr. 4 BauGB) und den Festsetzungen zentraler Versorgungsbereiche (§ 9 Abs. 2a BauGB).

Auch diesen Regelungen ist gemeinsam, dass sie eine Entwicklung der Kräfte einer Innenentwicklung gegenüber einer Zersiedelung und einer weiteren Inanspruchnahme von Boden stützen sollen.

d) Für die Zulässigkeit von Vorhaben sieht das BauGB folgende Regelungen vor:

aa) Für die Vorhaben nach §§ **30 und 33 BauGB** wird Bodenschutz über die Bauleitplanung, d. h. über die planerische Bodenschutzklausel (§ 1a Abs. 2 BauGB) umgesetzt.

bb) Für § **34 BauGB** enthält das BauGB keine spezielle Regelung. Soweit nicht das Bundesbodenschutzgesetz zur Anwendung kommen kann, gilt hier wie generell die Wertung des Gesetzgebers, dass die Verwirklichung von Innenbereichsvorhaben auch unter dem Aspekt des Bodenschutzes – im Vergleich mit einer weiteren Außenentwicklung und der Inanspruchnahme neuen Bodens – das „mildere" Mittel

---

[3] Vgl. Krautzberger a. a. O. (Fn. 1); ders. Bodenschutz im städtebaulichen Planungsrecht. Zur Bodenschutzklausel des Baugesetzbuchs, in: fub, Flächenmanagement und Bodenordnung 2008, S. 117.

sei. Eine entsprechende Wertung enthält das BauGB auch hinsichtlich der naturschutzrechtlichen Eingriffsregelung, die im Bereich des § 34 Abs. 1 und 2 BauGB nicht zur Anwendung kommt.

cc) Für Vorhaben nach § **35 BauGB** sind mehrere Vorschriften für den Bodenschutz bedeutsam, auf die im Folgenden näher einzugehen ist:

- § 35 Abs. 3 Nr. 5 BauGB über den Bodenschutz als „öffentlicher Belang", den es bei der Zulassung von Vorhaben nach § 35 BauGB zu prüfen gilt.
- § 35 Abs. 5 Satz 1 BauGB mit einer speziellen Bodenschutzklausel für Außenbereichsvorhaben.
- § 35 Abs. 5 Satz 2 BauGB mit einer Regelung über den Rückbau „aufgegebener" privilegierter Vorhaben und der Entsiegelung.
- § 35 Abs. 5 Satz 3 BauGB enthält Regelungen zur Sicherung sowohl der Bodenschutzklausel als auch der Rückbauverpflichtung.

Das BauGB hat mit den Regelungen über den Stadtumbau in den §§ **171a bis 171d** BauGB einen weiteren Aspekt des Bodenschutzes aufgenommen, nämlich die Unterstützung einer Städtebaupolitik des planmäßigen und nachhaltigen Rückbaus und der Innenentwicklung.

Nach § **171a Abs. 2 Satz 2 BauGB** sollen Stadtumbaumaßnahmen u. a. dazu beitragen, dass – so das Gesetz -

„4. nicht mehr bedarfsgerechte bauliche Anlagen einer neuen Nutzung zugeführt werden,
5. einer anderen Nutzung nicht zuführbare bauliche Anlagen zurückgebaut werden,
6. freigelegte Flächen einer nachhaltigen städtebaulichen Entwicklung oder einer hiermit verträglichen Zwischennutzung zugeführt werden".

2. Die Regelungen des Baurechts auf Zeit im Baugesetzbuch

a) Die Regelungen über das „Baurecht auf Zeit" ergänzen die Bodenschutzbestimmungen insofern, weil sie u. a. zu befristeten Regelungen der Bodennutzung führen können. So kann z. B. bei **befristeten Nutzungen** die Rückführung der baulichen und sonstigen Veränderungen auf den status quo ante erreicht werden. Oder es können Zwischennutzungen erreicht werden.

b) Das BauGB enthält – im wesentlich eingeführt durch das **EAG Bau 2004**[4] und ergänzt durch das BauGB 2007 – mehrere Regelungen, die schlagwortartig unter

---

[4] Gesetz vom 24.6.2004 (BGBl. I S. 1359).

dem Begriff des „Baurechts auf Zeit" bzw. der „Flexibilisierung" von Baurechten zusammengefasst werden und die als eine gesetzgeberische Reaktion auf

- Rückgänge im Siedlungswachstum,
- die Notwendigkeit verstärkter Wiedernutzung von Flächen,
- die Vermeidung von Außenentwicklungen und
- neue, kurzlebigere Nutzungsformen z. B. in den Bereichen Handel, Logistik, Freizeit bewertet werden können.

c) Durch eine **zeitliche Staffelung** soll daher z. B. die Nachnutzung einer absehbar befristeten Nutzung ermöglicht werden. Beispiele sind hierfür etwa eine Freizeit-, Hotel- und Wohnnutzung nach Abschluss einer zunächst festgesetzten Auskiesung. Das Baurecht ist traditionell auch geprägt von den Wachstumsvorgaben von Wirtschaft und Siedlungsfläche. Eine entsprechende Nachjustierung des Baurechts hätte sich aus veränderten Wachstumsbedingungen von selbst abgeleitet.

Das Städtebaurecht ist „traditionell" auch statisch angelegt. So konnte nur eine Nutzung auf Dauer festgesetzt werden, die zeitlich nicht befristet werden konnte. Das Baurecht auf Zeit soll dagegen dem Gedanken Rechnung tragen, dass auch das Baurecht einem ständigen Wandel unterworfen ist. Die Kurzlebigkeit von Nutzungen, der erforderliche sparsame Umgang mit Ressourcen, das Erfordernis von Zwischen- und Folgenutzungen – diese Aufgaben stellen sich dem Städtebau mehr als früher.

d) **Bauleitplanung**: Das BauGB hat zu einer Reihe dieser Fragen gesetzgeberische Flankierungen geliefert – die Flexibilisierung der Planungen ebenso wie die Rückbaumöglichkeiten im Planbereich und im Außenbereich. Die Novelle 2007 hat übrigens inzwischen eine der erst 2004 eingeführten Regelungen aufgehoben, nämlich die Verpflichtung der Gemeinden, die Flächennutzungspläne spätestens alle 15 Jahre nach ihrer Aufstellung zu überprüfen und wenn notwendig an neue städtebauliche Entwicklungen anzupassen (§ 5 Absatz 1 Satz 3 BauGB 2004). Dies wurde im Gesetzgebungsverfahren – mit einer bemerkenswerten Sachlogik – wie folgt begründet[5]:

„Die Streichung der Überprüfungspflicht für Flächennutzungspläne dient der verwaltungsmäßigen Entlastung der Gemeinden und trägt dem Umstand Rechnung, dass es ohnehin der kommunalen Praxis entspricht, Flächennutzungspläne bei städtebaulichem Bedarf (z. B. bei entsprechenden städtebaulichen Änderungen und Anpassungsprozessen) einer Überprüfung zu unterziehen."

e) Eine weitere gesetzliche Regelung im Recht der Bauleitplanung, die gleichfalls erst mit dem EAG Bau 2004 neu eingeführt wurde – und die weiter gilt – und die

---

[5] So der Ausschussbericht: BT Drucksache 16/3308.

auf eine „Dynamisierung" planerischer Festsetzungen zielt, enthält § 9 Abs. 2 BauGB:

In den Katalog der planerischen Festsetzungsmöglichkeiten nach § 9 BauGB wurde für besondere städtebauliche Situationen die Möglichkeit zur Festsetzung befristeter oder auflösend bedingter Nutzungen eingeführt.

Nach § 9 Abs. 2 BauGB kann bestimmt werden:

„(2) Im Bebauungsplan kann in besonderen Fällen festgesetzt werden, dass bestimmte der in ihm festgesetzten baulichen und sonstigen Nutzungen und Anlagen nur

1. für einen bestimmten Zeitraum zulässig oder

2. bis zum Eintritt bestimmter Umstände zulässig oder unzulässig sind."

Die Folgenutzung soll dabei jeweils festgesetzt werden.

f) Mit dieser Regelung soll einem Bedürfnis in der Planungspraxis Rechnung getragen werden, in Anbetracht der zunehmenden Dynamik im Wirtschaftsleben und den damit verbundenen kürzeren Nutzungszyklen von Vorhaben die **zeitliche Nutzungsfolge berücksichtigen** zu können. Die Regelung erlaubt, aus sachgerechten städtebaulichen Erfordernissen heraus, bauliche Festsetzungen mit den konkreten Bedingungen des Projekts zu verbinden:

- die Zwischennutzung,
- die Folgenutzung,
- die befristete Nutzung,
- die Möglichkeit, einen Rückbau bei Nutzungsaufgabe zu sichern.

Ökonomische und städtebauliche Notwendigkeit können sich hierdurch im Einzelfall besser harmonisieren lassen.

g) § **11 BauGB** über den städtebaulichen Vertrag flankiert diese planerischen Regelungen: In § 11 Abs. 1 Satz 2 Nr. 2 BauGB wird die Möglichkeit von die Bauleitplanung begleitenden Verträgen mit Befristungen und Bedingungen eingefügt. Danach können Gegenstand eines städtebaulichen Vertrags insbesondere sein:

„2. die Förderung und Sicherung der mit der Bauleitplanung verfolgten Ziele, insbesondere die Grundstücksnutzung, auch hinsichtlich einer Befristung oder einer Bedingung, die Durchführung des Ausgleichs im Sinne des § 1a Abs. 3, die Deckung des Wohnbedarfs von Bevölkerungsgruppen mit besonderen Wohnraumversorgungsproblemen sowie des Wohnbedarfs der ortsansässigen Bevölkerung".

h) Auch eine – erst im BauGB 2007[6] – getroffene Regelung zum Vorhabenbezogene Bebauungsplan – § 12 Abs. 3a BauGB – greift den Ansatz des Baurechts auf Zeit auf, in dem eine spätere Änderung eines vorhabenbezogenen Bebauungsplans unter entsprechender Anwendung des § 9 Abs. 2 BauGB ermöglicht wird: Die Gemeinde kann danach ein Baugebiet festsetzen und bestimmen, dass im Rahmen der festgesetzten Nutzungen nur solche Vorhaben zulässig sind, zu deren Durchführung sich der Vorhabenträger im Durchführungsvertrag verpflichtet. Dabei sind Änderungen des Durchführungsvertrags oder der Abschluss eines neuen Durchführungsvertrags zulässig.

i) Für den Außenbereich ist mit der Rückbauverpflichtung bei bestimmten privilegierten Außenbereichsvorhaben der Gedanke des Baurechts auf Zeit auch auf die Außenbereichsvorhaben erweitert: § 35 Absatz 5 Satz 2 BauGB.

j) Das Baurecht auf Zeit ist auch vor einem **verfassungsrechtlichen Hintergrund** zu sehen[7]:

Auf die **planerischen Ausweisungen** muss sich der Planbetroffene für einen überschaubaren Zeitraum verlassen können. Wer sich auf den Fortbestand des Baurechts einstellt, der ist bei einem berechtigten Vertrauen in den Fortbestand der Planung schutzwürdig[8]. Die Änderung der planerischen Ausweisung kann daher bei einem berechtigten Vertrauen in den Fortbestand der Planungskonzeption nur unter den Voraussetzungen des qualifizierten Abwägungsgebotes geändert werden[9].

Die **vertragliche Regelung** schafft hier – in gewissen Grenzen – eine klare Position auch für spätere, dem Grunde nach vereinbarte Änderungen.

Was die **Zulässigkeit von Vorhaben** und ihre Beseitigungspflichten im **Außenbereich** betrifft, ist der Gedanke des Baurechts auf Zeit ohnehin in die Zulässigkeitsregelung inkorporiert, so dass von daher spezielle eigentumsrechtliche Fragen nicht aufgeworfen werden.

II. Bodenschutz im Außenbereich

1. Öffentlicher Belang: § 35 Abs. 3 Nr. 5 BauGB

a) Nach § 35 Abs. 3 Nr. 5 BauGB zählt der Bodenschutz zu den öffentlichen Belangen, die für die Zulässigkeit von Vorhaben nach § 35 beachtlich sind.

---

[6] Fn. 2
[7] BVerfG, Beschl. v. 2.3.1999 – 1 BvL 7/91 –, BVerfGE 100, 226; Beschl. v. 16.2.2000 – 1 BvR 242/92 –, BVerfGE 102, 1.
[8] BVerfG, Urt. v. 10.7.1990 – 2 BvR 470/90 u. a. –, BVerfGE 82, 310; Beschl. v. 12.5.1992 – 2 BvR 470/90 –, BVerfGE 86, 90.
[9] Stüer, DVBl. 1977, 1.

Es geht bei diesem Belang vorrangig darum, schädlichen Bodenveränderungen vorzubeugen. Belange des Bodenschutzes sind die Erhaltung und die Wiederherstellung der Bodenfunktionen.

b) Welche Belange des Bodenschutzes dabei im Sinne des § 35 Abs. 3 Satz 1 Nr. 5 im Einzelnen beachtlich sind[10], ergibt sich – ähnlich wie bei § 1 Abs. 6 Nr. 7 b, § 1 Abs. 2a BauGB – zunächst aus dem Bundesbodenschutzrecht, d. h. es kann auf die Begriffsbestimmungen des **Bundes-Bodenschutzgesetz** (BBodSchG) zurückgegriffen werden:

- Der Schutzzweck des BBodSchG, nachhaltig die Funktion des Bodens zu sichern oder wiederherzustellen, ist in § 1 BBodSchG geregelt.

- Bei Einwirkungen auf den Boden sollen Beeinträchtigungen seiner natürlichen Funktion sowie seiner Funktion als Archiv der Natur- und Kulturgeschichte soweit wie möglich vermieden werden.

- Nach § 2 Abs. 2 BBodSchG umfasst der Boden natürliche Funktionen als Lebensgrundlage und Lebensraum für Menschen, Tiere, Pflanzen und Bodenorganismen, Bestandteil des Naturhaushalts sowie Abbau-, Ausgleichs- und Aufbaumedium, Funktion als Archiv der Natur- und Kulturgeschichte sowie Nutzungsfunktion als Rohstofflagerstätte, Fläche für Siedlung und Erholung, Standort für die land- und forstwirtschaftliche Nutzung sowie für sonstige wirtschaftliche und öffentliche Nutzungen, Verkehr, Ver- und Entsorgung.

- Nach § 2 Abs. 3 BBodSchG sind schädliche Bodenveränderungen Beeinträchtigungen der Bodenfunktion, die geeignet sind, Gefahren, erhebliche Nachteile oder erhebliche Belästigungen für den Einzelnen oder die Allgemeinheit herbeizuführen.

- Als Maßstäbe des Belangs des Bodenschutzes sind neben den Bestimmungen des Bundes-Bodenschutzgesetzes die in der Bundes-Bodenschutz- und Altlastenverordnung konkretisierten Merkmale von Belang.

c) Eine abstrakte Bezeichnung der Beeinträchtigungen der Bodenfunktionen durch ein Vorhaben – dem Grunde und dem Ausmaße nach – ist nicht möglich. Vielmehr ist im Einzelfall zu prüfen, ob ein Vorhaben die Bodenfunktionen beeinträchtigen kann. Ist das zu bejahen, so ist die Wirkung für die Zulässigkeit eines Außenbereichsvorhabens unterschiedlich:

---

[10] Vgl. Battis/Krautzberger/Löhr, BauGB, 11. Aufl., München 2009, § 35 Rn.124; Söfker, in: Ernst/Zinkahn/Bielenberg/Krautzberger, BauGB, Loseblatt Kommentar, München, § 35 Rn. 94.

- Privilegierten Vorhaben nach § **35 Abs. 1 BauGB** darf der öffentliche Belang des Bodenschutzes nicht entgegenstehen.
- Bei sonstigen Vorhaben nach § **35 Abs. 2** sowie bei begünstigten Vorhaben nach § **35 Abs. 4 BauGB**, darf der öffentliche Belang des Bodenschutzes nicht beeinträchtigt sein.
- Für den Belang des Bodenschutzes ist dabei weiter zu berücksichtigen, dass nach § **35 Abs. 5 Satz 1 BauGB** Vorhaben in einer flächensparenden, die Bodenversiegelung auf das notwendige Maß begrenzenden und den Außenbereich schonenden Weise auszuführen sind, so dass auch im Rahmen der Bauausführung eine Beeinträchtigung der Belange des Bodenschutzes vermieden werden kann.

2. Bodenschutz bei der Bauausführung (§ 35 Abs. 5 Satz 1 BauGB)

Nach § 35 Abs. 5 Satz 1 BauGB sind die nach § 35 BauGB zulässigen Vorhaben in einer flächensparenden, die Bodenversiegelung auf das notwendige Maß begrenzenden und den Außenbereich schonenden Weise auszuführen.

a) § 35 Abs. 1 Satz 1 BauGB gilt für **alle Vorhaben,** die nach § 35 Abs. 1 bis 4 BauGB zu beurteilen sind. So kann sich z. B. der Antragsteller eines privilegierten Vorhabens nicht auf die herausgehobene Stellung der Vorschrift des § 35 Abs. 1 BauGB berufen. Die Privilegierung gilt für die Zulassung des Vorhabens nach seiner Art, jedoch schmälert sie nicht die Anforderungen des § 35 Abs. 5 Satz 1 BauGB an die Bauausführung. Dies ist insoweit durchaus eine Parallele zur gesetzgeberischen Wertung in § 1a Abs. 2 BauGB zur Bauleitplanung, nur, dass dort die Entscheidung über den Bodenschutz in die Planung vorgezogen ist. Auch sonst zulässige Vorhaben sind somit in einer flächensparenden und den Außenbereich schonenden Weise auszuführen. Die Verpflichtung gilt auch für die Bestandsschutzfälle[11].

b) Die Regelung verpflichtet den Bauherrn insbesondere zur Begrenzung der zu bebauenden Fläche. Die **Schonung des Außenbereichs** darf durch die Ausführung des Vorhabens nicht in unangemessener Weise berührt werden. Dies gilt sowohl für die Inanspruchnahme der für das Vorhaben benötigten Fläche wie auch für die äußere Gestaltung des Gebäudes (z. B. im Hinblick auf das Landschaftsbild).

c) Die Vorschrift steht – wie erwähnt – in sachlichem Zusammenhang mit der in § **1a Abs. 2 BauGB** geregelten „Bodenschutzklausel" für die Bauleitplanung, wonach mit Grund und Boden sparsam und schonend umgegangen werden soll und wobei Bodenversiegelungen auf das notwendige Maß zu begrenzen sind.

---

[11] Battis/Krautzberger/Löhr a. a. O. (Fn. 10).

III. Baurecht auf Zeit im Außenbereich

1. § 35 Abs. 5 Satz 2 BauGB

a) § 35 Abs. 5 Satz 2 BauGB enthält als weitere **Zulässigkeitsvoraussetzung** eine Rückbauverpflichtung bestimmter Vorhaben. Auf die Zusammenhänge mit der Vorschriftengruppe, die als „Baurecht auf Zeit" bezeichnet werden (§ 9 Abs. 2 und § 11 Abs. 1 Satz 1 Nr. 2 BauGB), wurde schon hingewiesen[12].

b) Nach § 35 Abs. 5 Satz 2 BauGB ist für Vorhaben nach § 35 Abs. Abs. 1 Nr. 2 bis 6 als weitere Zulässigkeitsvoraussetzung eine **Verpflichtungserklärung** abzugeben, das Vorhaben nach dauerhafter Aufgabe der zulässigen Nutzung zurückzubauen und Bodenversiegelungen zu beseitigen. Ziel der Regelung ist es, insbesondere der Beeinträchtigung der Landschaft durch aufgegebene Anlagen mit einer nur zeitlich begrenzten Nutzungsdauer entgegenzuwirken. Aus diesem Grund gilt die Rückbauverpflichtung für privilegierte Vorhaben im Sinne des § 35 Abs. 1 Nr. 2 bis 6.

c) Diese Vorschrift enthält eine eigenständige **städtebaurechtliche Regelung**[13]. Sie ist darin **begründet**, dass wegen des Außenbereichsschutzes, den § 35 BauGB gewährleisten soll, eine Entscheidung darüber zu treffen war, wie mit baulichen Anlagen zu verfahren ist, die nach § 35 Abs. 1 im Außenbereich bevorrechtigt zulässig sind und errichtet werden und deren Nutzung später dauerhaft aufgegeben wird.

d) Die Rückbauverpflichtung betrifft alle privilegierten Vorhaben außer den land- und forstwirtschaftlichen Zwecken dienenden Vorhaben und Vorhaben zur (u. a.) Nutzung der Kernenergie[14].

Was die **land- und forstwirtschaftlichen Gebäude** betrifft wird damit begründet, dass bei anderen privilegierten Vorhaben zumeist keine wie diese eindeutige und unmittelbare Beziehungen zur Bodennutzung im Außenbereich haben, der Gesetzgeber also diese Vorhaben aus anderen Erwägungen, aber auch, dass für diese baulichen Anlagen im Fall ihrer Nutzungsaufgabe eine Nutzungsänderung aufgrund ihrer baulich-technischen Ausführung im Regelfall nicht in Betracht kommt. Bei zuvor landwirtschaftlich genutzten Gebäuden ist dagegen nach Aufgabe der landwirtschaftlichen Nutzung in einem bestimmten Rahmen eine Weiternutzung nach § 35 Abs. 4 möglich.

Bei **Anlagen** der **Kernenergie** ist zu berücksichtigen, dass solche Vorhaben in Deutschland nicht mehr beabsichtigt sind[15].

---

[12] Vgl. oben zu I.2.
[13] Söfker a. a. O. (Fn. 10), Rn.165a.
[14] Vgl. nur Söfker a. a. O. (Fn. 13).

e) Für nicht-privilegierte Vorhaben, also sonstige Vorhaben nach § **35 Abs. 2 BauGB**, ist § 35 Abs. 5 Satz 2 BauGB nicht anzuwenden. Das bedeutet nicht, dass der Grundgedanke des § 35 Abs. 5 Satz 2 BauGB nicht beachtlich wäre; dies wäre ja auch widersinnig. Die Lösung ist darin zu finden, dass der Bodenschutz gewissermaßen auf die Zulässigkeit selbst durchschlägt: Ist nicht sichergestellt, dass ein sonstiges Vorhaben bei Nutzungsaufgabe als „Ruine" im Außenbereich verbleibt, wären hier öffentliche Belange berührt, die der Zulässigkeit des Vorhabens entgegenstehen. Bei "sonstigen Vorhaben" nach § 35 Abs. 2 kann ggf. das im Einzelfall mögliche Zurückstellen der Beeinträchtigung öffentlicher Belange über eine analoge Rückbauverpflichtung ausgeräumt werden.

f) Nach **dauerhafter Nutzungsaufgabe** dieser Anlagen sind sie aus Gründen des Außenbereichsschutzes zurückzubauen und sind die Bodenversiegelungen zu beseitigen. Eine dauerhafte Aufgabe ist anzunehmen, wenn die Nutzung der Anlage aufgegeben worden ist und anzunehmen ist, dass die Nutzung auch nicht wieder aufgenommen werden wird. Wann eine Nutzung in diesem Sinne „aufgegeben" ist, bestimmt sich nach der Nutzung und nach den Umständen des Einzelfalls.

g) Maßgeblich sind die objektiven Verhältnisse: In **Ländererlassen zur Windenergie**[16] wird z. B. eine dauerhafte Aufgabe der Nutzung angenommen, wenn die Anlage über einen zusammenhängenden Zeitraum von zwölf oder mehr Monaten kein Strom erzeugt hat oder abweichend davon, wenn der Betreiber vor Ablauf dieses Zeitraumes erklärt, dass die Anlage dauerhaft stillgelegt ist. Ein Aussetzen der Stromerzeugung für mehr als zwölf Monate ohne Annahme einer dauerhaften Nutzungsaufgabe kann im Einzelfall möglich sein, wenn der Nachweis geführt wird, dass die Anlage nach vorübergehender Stilllegung innerhalb von 24 Monaten wieder an das Netz gehen wird. Der Bauherr kann durch Nebenbestimmung in der Genehmigung verpflichtet werden, eine länger andauernde Stilllegung oder die dauerhafte Nutzungsaufgabe der Anlage anzuzeigen.

h) Auch in anderen Verfahren, insbesondere im **immissionsschutzrechtlichen Verfahren, dürfen** die Vorhaben i. S. d. § 35 Abs. 5 Satz 2 BauGB erst zugelassen werden, wenn die Verpflichtungserklärung abgegeben ist.

i) Die **Verpflichtungserklärung** wird in der Regel vom **Bauherrn** abgegeben werden und muss sich auf das zu genehmigende Vorhaben und das betreffende Bau-

---

[15] Gesetz zur geordneten Beendigung der Nutzung der Kernenergie zur gewerblichen Erzeugung von Elektrizität vom 22.4.2002 (BGBl. I, S. 1351).
[16] Vgl. zum Folgenden Ministerium für Bau und Verkehr des Landes Sachsen–Anhalt, Hinweise zur Umsetzung bauplanungs- und bauordnungsrechtlicher Anforderungen zur Rückbauverpflichtung und Sicherheitsleistung an Windenergieanlagen (WEA) vom 21. Juni 2005 sowie: Gemeinsame Anwendungshinweise des Sächsischen Staatsministeriums für Umwelt und Landwirtschaft (SMUL) und des Sächsischen Staatsministeriums des Innern (SMI) zur Rückbauverpflichtung und Sicherheitsleistung gemäß § 35 Abs. 5 Sätze und 3 BauGB, § 72 Abs. 3 Satz 2 SächsBO vom 6.7.2006.

grundstück beziehen und, sofern es aus mehreren einzelnen baulichen Anlagen besteht, auch auf die einzelnen Teile des Gesamtvorhabens erstrecken[17]:

„Die Erklärung beinhaltet die Verpflichtung des Antragstellers, das zugelassene privilegierte Vorhaben nach dauerhafter Aufgabe der bis dahin zulässigen Nutzung zurückzubauen und Bodenversiegelungen zu beseitigen. Eine Aufgabe der Nutzung ist anzunehmen, wenn die bisherige Nutzung beendet wird. Keine Aufgabe ist die Änderung innerhalb der Variationsbreite der zulässigen Nutzung. Die Nutzung ist dauerhaft aufzugeben. Rückbau ist die Beseitigung der Anlage, welche der bisherigen Nutzung diente und insoweit die Herstellung des davor bestehenden Zustandes. In der Regel wird dies der Abriss der Anlage sein. Nicht gefordert ist, den davor bestehenden naturhaften Zustand im Außenbereich im Sinne einer Renaturisierung durch Ausgleichsmaßnahmen wiederherzustellen. Die Entsiegelung dient dazu, die natürlichen Bodenfunktionen wiederherzustellen".

j) Was die **Rechtsnatur** der Verpflichtungserklärung betrifft, wird sich – auch wegen des Zusammenhangs mit der Sicherheitsleistung – eine (öffentlich-rechtliche) Vereinbarung empfehlen. Für sich genommen handelt es sich bei der Verpflichtungserklärung um eine einseitige, öffentlich-rechtliche Willenserklärung, die der Antragsteller abzugeben hat[18]. Adressat der Verpflichtungserklärung ist die Genehmigungsbehörde.

k) Die **Sicherheitsleistung** kann erbracht werden nach den in § 232 BGB genannten Arten oder durch andere Sicherungsmittel, die zur Erfüllung des Sicherungszwecks geeignet sind. Vorrangig kommen dabei angemessene Sicherheitsleistungen (selbstschuldnerische Bankbürgschaft unter Verzicht auf die Einrede der Vorausklage) in Betracht, die sich nach den voraussichtlichen Kosten richten, die für den vollständigen Rückbau (z. B. der Windkraftanlage), einschließlich der Entsiegelung und Wiederherstellung eines ordnungsgemäßen Zustandes des Grundstücks aufgewendet werden müssen.

Vgl. auch die o.g. Ländererlasse[19], die u. a. nennen:

- die Sicherungsgrundschuld bzw. Sicherungshypothek,
- die unbedingte und unbefristete selbstschuldnerische (d. h., auf die Einrede der Vorausklage wird verzichtet, §§ 771, 773 Abs. 1 Nr. 1 BGB) Bank- oder Konzernbürgschaft auf erstes Anfordern,
- die Hinterlegung der Sicherheitsleistung in Geld,
- die Verpfändung,

---

[17] Vgl. nachfolgend den o. a. (Fn. 16) Sächsischen Erlass, Ziff. 2.a).
[18] Sächsischer Erlass a. a. O. (Fn. 16), Ziff. 2 b.
[19] Fn. 15.

- ein Festgeldkonto, dessen Kündigungsfrist nicht mehr als 6 Monate beträgt und nur durch die Behörde gekündigt werden kann, oder
- der Abschluss einer Ausfallversicherung.

l) Bei einer nach § 35 Abs. 1 Nr. 2 bis 6 BauGB zulässigen **Nutzungsänderung** ist die Rückbauverpflichtung zu übernehmen. Bei einer nach § 35 Abs. 1 Nr. 1 oder Abs. 2 zulässigen Nutzungsänderung entfällt sie. Vgl. hierzu auch die Überleitungsvorschriften in § 244 Abs. 7, wonach bauliche Anlagen, die bereits vor dem Inkrafttreten des EAG Bau 2004 zugelassen worden sind, auch bei einer Nutzungsänderung nicht nach Abs. 5 Satz 2 zurückgebaut werden müssen.

m) Die Rückbauverpflichtung und ihre verbindliche Sicherung nach § 35 Abs. 5 BauGB kann als „**Prototyp**" **für die Befristung oder Bedingung von Baurechten** auch in den Fällen des **§ 9 Abs. 2 BauGB** verstanden werden. Auch hier wird sich die Flankierung durch städtebauliche Verträge anbieten; **§ 11 Abs. 1 Satz 2 Nr. 2 BauGB**.

2. Aufgaben der Baugenehmigungsbehörden (§ 35 Abs. 5 Satz 3 BauGB)

a) Nach **§ 35 Abs. 5 Satz 3 BauGB** soll die Baugenehmigungsbehörde die Einhaltung der Verpflichtung nach § 35 Abs. 5 Satz 2 sicherstellen. Die Bauaufsichtsbehörde hat die Erteilung der Baugenehmigung danach von der Leistung eines geeigneten Sicherungsmittels abhängig zu machen, welches die Finanzierung der Rückbaukosten bei dauerhafter Nutzungsaufgabe gewährleisten soll. Dies geschieht zum einen durch eine entsprechende Nebenbestimmung in der Baugenehmigung und zum anderen durch eine Sicherung durch Baulast oder in anderer Weise[20].

b) Die Vorschrift ist im Übrigen abzugrenzen von bauaufsichtsrechtlichen Maßnahmen nach den Landesbauordnungen, also auch von solchen, nach denen die Beseitigung aufgegebener Gebäude im Außenbereich verlangt werden kann[21]. Es obliegt den Ländern, für eine Verzahnung der städtebaurechtlichen Anforderungen des Abs. 5 Satz 2 und 3 mit dem Landesbauordnungs- und Verwaltungsvollstreckungsrecht Sorge zu tragen[22].

---

[20] Hierzu oben III.1 und z. B. die in Fn. 16 angeführten Hinweise.
[21] Hierzu Söfker a. a. O. (Fn.13) unter Hinweis auf VGH Hessen, Beschl. vom 21. 1. 2005 – 3 ZU 2629/03 –, NuR 2005, 409.
[22] Battis/Krautzberger/Löhr a. a. O. (Fn. 10), Rn. 125 a; vgl. z. B. § 67 Abs. 3 S. 2 BrbgBO, § 72 Abs. 3 S. 2 SächsBO; § 77 Abs. 3 S 2 BauO LSA; reserviert aber Jäde, ZfBR 2005, 135.

XI Flächenpolitik im Spannungsfeld von Nachhaltigkeit und kommunaler Planungshoheit

Folkert Kiepe

1. Das Reduktionsziel der Bundesregierung

Die Bundesregierung hat 2002 beschlossen, die tägliche Neuinanspruchnahme von Flächen für Siedlung und Verkehr bis zum Jahr 2020 auf 30 ha pro Tag zu verringern. Diese Zielsetzung wurde in der Koalitionsvereinbarung vom 11.11.2005 bekräftigt. Hintergrund hierfür ist die (immer noch) zu hohe Neuinanspruchnahme von Flächen für Siedlung und Verkehr, die nach den Zahlen des Statistischen Bundesamts im Vierjahresdurchschnitt 2004 bis 2007 bei 113 ha pro Tag lag.

Der von der Bundesregierung vorgelegte Fortschrittsbericht 2008 zur Nationalen Nachhaltigkeitsstrategie kommt daher zu der Bewertung, dass ohne den „Einsatz wirksamer Instrumente auf Bundes-, Länder- und kommunaler Ebene" das 30-ha-Ziel nicht erreicht werden kann.

2. Die Position der kommunalen Spitzenverbände

Die kommunalen Spitzenverbände unterstützen ein nachhaltiges Flächenmanagement und einen sparsamen und schonenden Umgang der Städte und Gemeinden mit Grund und Boden seit längerem. In der letzten Sitzung des Staatssekretärsausschusses der Bundesregierung für nachhaltige Entwicklung zur Umsetzung des Fortschrittsberichts der Bundesregierung zur Nachhaltigkeitsstrategie am 09. Februar 2009 waren sich Bundesregierung und kommunale Spitzenverbände hinsichtlich einer engen Zusammenarbeit mit dem Ziel einer Reduzierung der Flächeninanspruchnahme einig (siehe Anlage 1).

Die dazu vorgeschlagenen Instrumente überzeugen aber nicht alle.

Zunächst ist festzustellen, dass sich der Fortschrittsbericht der Bundesregierung zur Nachhaltigkeitsstrategie auf die Flächenstatistik des Statistischen Bundesamts bezieht. Die statistische Größe „Flächeninanspruchnahme für Siedlung und Verkehr in Hektar" wird der qualitativ sehr unterschiedlichen Beanspruchung der Flächen nicht gerecht. Die bebaute (versiegelte) Fläche ist weit geringer als die gesamte Fläche für Siedlung und Verkehr weil dafür auch Garten- und Erholungsflächen einbezogen werden. Die statistische Zunahme der Siedlungs- und Verkehrsfläche ist daher deutlich überhöht.

Die zugrundegelegten Basiszahlen entsprechen nicht der aktuellen Entwicklung. Der Flächenverbrauch ist in den letzten Jahren nämlich stärker zurückgegangen, als bisher unterstellt.

Nach den verfügbaren Daten lag die Flächenneuinanspruchnahme für Siedlung und Verkehr zwar noch bei 113 ha/Tag (Trend 2004 bis 2007). Der Zuwachs der Gebäude- und Freiflächen hat sich indes von 59 ha/Tag (2001 bis 2004) auf 42 ha/Tag (2004 bis 2007) verringert. Neben baukonjunkturellen und demografischen Ursachen dürften hierbei auch bereits Erfolge eines verstärkten kommunalen und regionalen Flächenmanagements und entsprechender Weichenstellungen der Landes-, Regional- und Bauleitplanung zum Tragen kommen.

Nur ca. 46 % der Siedlungs- und Verkehrsfläche sind tatsächlich versiegelt. Zu den unversiegelten Flächen gehören z. B. auch unbebaute Erholungsflächen (Grün- und Freizeitflächen). In einigen altindustrialisierten Gebieten geht der Rückgang von Industrie- und Gewerbeflächen mit einem deutlichen Anstieg des Grünanteils einher, indem zunehmend Brachflächen in Grünflächen umgewandelt werden. Ähnliches gilt für den Rückbau von nicht mehr nachgefragten Wohnbauflächen in den neuen Ländern. Die Flächenstatistik muss in ihren Erhebungsmerkmalen und Auswertungsformen zukünftig stärker Beiträge zum Ziel des Flächensparens, die durch eine verstärkte Wiedernutzung und Verdichtung im Bestand erreicht werden, berücksichtigen.

Aus Sicht der Raumordnung ist grundsätzlich festzustellen:

- Die Umsetzung des Ziels einer nachhaltigen Raum- und Siedlungsentwicklung ist eine Kernaufgabe der fachübergreifenden gesamträumlichen Planung, die der überörtlichen Raumordnung, der Landes- und Regionalplanung sowie der kommunalen Bauleitplanung obliegt. Neben der Raumplanung können und müssen jedoch auch andere raumwirksame Fachpolitiken mit ihren Steuerungs- und Förderinstrumenten auf dieses Ziel hinwirken.

- Eine nachhaltige Raum- und Siedlungsentwicklung hat ökologischen, ökonomischen und sozialen Belangen gleichermaßen Rechnung zu tragen. Bei ihrer Verwirklichung sind mehrere Teilziele gleichzeitig zu verfolgen und Zielkonflikte auszubalancieren. Die Reduzierung der Flächeninanspruchnahme ist ein wesentliches Teilziel einer nachhaltigen Raumentwicklung, aber nicht das einzige. Eine sachgerechte Umsetzung dieses Teilziels kann nicht einseitig zu Lasten anderer Nachhaltigkeitsziele erfolgen, wie etwa der Sicherung wettbewerbsfähiger Wirtschaftsstandorte und einer angemessenen Wohnungsversorgung.

- Eine sachgerechte raumordnerische Nachhaltigkeitsstrategie kann in ihren flächenpolitischen Bezügen nicht allein auf eine quantitative Minderung der Flächeninanspruchnahme ausgerichtet sein. Sie muss vielmehr auch die Qualität der Flächennutzung und der offen zu haltenden Freiräume und zudem stets die konkrete räumliche Verteilung der Flächeninanspruchnahme im Bundesgebiet und die spezifische Eignung einzelner Standorte für unterschiedliche Raumnutzungen und Raumfunktionen berücksichtigen.

Die mit dem Kabinettbeschluss über die Nationale Nachhaltigkeitsstrategie von der Bundesregierung bereits 2002 beschlossene Vorgabe, die tägliche Neuinanspruchnahme von Flächen für Siedlung und Verkehr bis zum Jahr 2020 auf die konkrete Obergrenze von 30 ha pro Tag zu verringern, lehnen die kommunalen Spitzenverbände deshalb nach wie vor ab. Eine solche strikte Beschränkung des künftigen Wachstums der Siedlungsflächen im Sinne einer Höchstgrenze wäre auch ein unzulässiger Eingriff in die kommunale Planungshoheit.

- Eine quantitative Begrenzung der Flächeninanspruchnahme auf einen rechnerisch-abstrakt ermittelten konkreten Schwellenwerte würde nämlich voraussetzen, dass zentral und bundesweit den Ländern und Gemeinden konkrete Flächenkontingente zugewiesen werden müssten. Unklar ist dabei schon, ob dies flächen- oder einwohnerbezogen geschehen und ob die Nachfragesituation aufgrund der wirtschaftlichen Entwicklung berücksichtigt werden sollte. Ein Konsens hierzu unter den Ländern ist nicht erkennbar; er ist wegen der unterschiedlichen Interessenlage je nach Basisgröße (Fläche oder Einwohner) auch nicht zu erwarten (siehe hierzu die Übersicht in Anlage 2).

- Auf jeden Fall würde damit die kommunale Planungshoheit als Kernelement kommunaler Selbstverwaltung unverhältnismäßig eingeschränkt. Eine strikte Beschränkung des Flächenverbrauchs würde dem Einzelfall und der Vielgestaltigkeit der Problemfälle (Wachstumsregionen einerseits und Schrumpfungsregionen andererseits) nicht Rechnung tragen. Sie würde zudem zu einer inakzeptablen Einschränkung der kommunalen Entwicklungsmöglichkeiten, sowie zu einer Benachteiligung insbesondere von Wachstumsregionen führen, die sich durch kompakte und verdichtete Siedlungsstrukturen auszeichnen und daher in besonderer Weise dem Typus der als nachhaltig erkannten Europäischen Stadt entsprechen.

- Im Übrigen gibt es auch große Unterschiede zwischen Verdichtungsräumen und ländlichen Räumen: In Verdichtungsräumen ist der Anteil der Siedlungs- und Verkehrsfläche an der Gesamtfläche überdurchschnittlich hoch, der Anteil der Flächeninanspruchnahme pro Kopf und der Siedlungsflächenzuwachs dagegen unterdurchschnittlich. Umgekehrt sind in ländlichen Räumen Flächenzuwachs und Pro-

Kopf-Verbrauch im Allgemeinen überdurchschnittlich, der Siedlungs- und Verkehrsflächenanteil an der Gesamtfläche ist aber vergleichsweise niedrig. Dies korrespondiert mit einem entsprechenden Bodenpreisgefälle und damit einhergehenden Abwägungsprozessen bei Standortentscheidungen privater Haushalte, bei denen Transportkosten, Immobilienkosten und Umweltqualitäten einander gegenübergestellt werden.

- Die Ansprüche an die kommunale Bauleitplanung sind vielfältig und bergen aufgrund der unterschiedlichen Interessen viele Zielkonflikte (z. B. Erhaltung ausreichender Freiflächen und nachfragegerechte Bereitstellung von Bauflächen für Wohnen, Gewerbe und Industrie sowie Verkehr). Diese Zielkonflikte der Flächeninanspruchnahme können nicht abstrakt, sondern nur konkret vor Ort gelöst werden. Die verschiedenen Nutzungsmöglichkeiten und ihre wirtschaftlichen Effekte sowie die ökologischen und verkehrspolitischen Konsequenzen für das Gesamtsystem Stadt müssen im Einzelfall abgewogen werden. Eine solche Abwägung und damit die Entscheidung über die künftige Flächeninanspruchnahme kann nur von den betroffenen kommunalen Gebietskörperschaften im Rahmen ihrer planungsrechtlichen Kompetenzen vorgenommen werden. Diesbezügliche Entscheidungen, Strategien und Maßnahmen können und sollten daher nur mit und nicht gegen die Gemeinden entwickelt werden.

3. Konzepte der Städte und Gemeinden zur nachhaltigen Flächenpolitik

3.1. Leitbild der kompakten, nutzungsgemischten Stadt

Bereits in dem von der 32. Hauptversammlung des Deutschen Städtetags im Jahre 2003 verabschiedeten „Leitbild für die Stadt der Zukunft" sind Maßstäbe für eine nachhaltige Stadtentwicklung formuliert, nämlich die Zentren zu stärken und Freiräume am Stadtrand zu erhalten, um eine deutliche Verminderung künftigen Flächenverbrauchs zu erreichen. Nicht zuletzt aufgrund der weiteren Beförderung des Themas durch die kommunalen Spitzenverbände ist die Problematik auf der kommunalen Ebene längst „angekommen". Städte und Gemeinden haben seitdem ihre Bemühungen zum Flächensparen verstärkt.

3.2. Einzelne Instrumente einer nachhaltigen Stadtentwicklungspolitik

Auf kommunaler Ebene gibt es kein Verfahren, das auf alle Fälle passt. Die verschiedenen Instrumente müssen gebündelt und individuell angepasst zum Einsatz kommen, so dass bei jedem Problem die Bausteine neu arrangiert werden können. Einige der wichtigsten Instrumente sind:

a) *Vorrang der Innen- vor der Außenentwicklung*

Hier geht es vor allem darum, den § 1a II BauGB stärker zu beachten und durchzusetzen sowie um den Abbau von Hemmnissen der Innenentwicklung[1].

b) *strategisches, effizientes Flächenmanagement*

Der DST hat hierzu bereits 2002 seinen Mitgliedern eine Arbeitshilfe mit Handlungsempfehlungen an die Hand gegeben (s. Anlage 3).

c) *Wiedernutzung von Brachflächen*

Hier geht es vor allem um die Altlastenbeseitigung und deren Finanzierung, den Einsatz von Flächenkreislauffonds sowie um die Erarbeitung von Brachflächen- und Baulückenkatastern.

d) *Nutzung leergefallener Bausubstanz sowie eine angemessene Nachverdichtung*

Die Schwerpunkte der Arbeit liegen hier bei den Gewerbebauten und den 1950er-Jahre-Siedlungen.

e) *Qualitative Aufwertung der Wohnstandorte im Innenbereich und der Innenbereiche von öffentlichen Räumen, Plätzen, Straßen*

Um Familien in der Stadt zu halten und Ältere für die Stadt zu gewinnen, müssen Wohnsiedlungen auch in ihrer Gestaltung aufgewertet werden.

f) *Interkommunale und regionale Zusammenarbeit*

Kooperative Planungs- und Handlungsansätze in den Stadt-Umland-Verflechtungsbereichen leisten wesentliche Beiträge zu einer nachhaltigen Siedlungsentwicklung und zum sparsamen Umgang mit Grund und Boden. Sie sollten bei der Abstimmung des Siedlungsflächenbedarfs und bei der Umsetzung stadtregionaler Freiraumkonzepte – z. B. im Zuge der Entwicklung von Landschaftsparks – ebenso verstärkt zum Tragen kommen wie bei der Entwicklung interkommunaler Gewerbegebiete. Im regionalen Verbund können auch regionale Gewerbe- oder Ausgleichsflächenpools gebildet werden.

g) *Stärkung des öffentlichen Bewusstseins für den Wert unzersiedelter Landschaften und unversiegelter Böden.*

---

[1] vgl. hierzu i. E.: Kay Waechter, Flächensparsamkeit in der Bauleitplanung, in DVBl/2009, S. 997 - 1006.

4. Unterstützung nachhaltiger Flächenpolitik durch Planungsrecht und Raumordnung

Vor der Entwicklung gänzlich neuer flächenpolitischer Instrumente und Verfahren ist es sinnvoll, das vorhandene Planungsinstrumentarium der Raumordnung auf allen Ebenen konsequenter anzuwenden, bestehende Vollzugsdefizite zu beheben, geeignete planerische Einzelinstrumente zu schärfen und die Wirksamkeit der verbindlichen Vorschriften und Planungsinstrumente durch informelle Verfahren zu erhöhen.

In den Landesplänen und den Regionalplänen sollten Orientierungswerte für die anzustrebenden Mindestdichten und für eine Wiedernutzung im Bestand vorgesehen werden.

Die zum Teil EU-rechtlich geprägten artenschutzrechtlichen Vorgaben sollten überprüft werden, soweit hierdurch eine Erschwerung der Innenentwicklung zu einem verstärkten Druck in den Außenbereich führt.

Folgende Ansatzpunkte zur Unterstützung der raumordnerischen Instrumente zum Flächensparen und zur Stärkung der Innenentwicklung können genutzt werden:

- regelmäßige Überprüfung von Bauleitplänen,
- Eingriffs- und Ausgleichsregelungen,
- Rückbaugebote,
- verstärkte Anwendung von städtebaulichen Verträgen oder Vorhaben- und Erschließungsplänen,
- Baurecht auf Zeit,
- Nutzung des Erbbaurechts.

5. Änderung von finanzpolitischen und steuerrechtlichen Rahmenbedingungen zur Unterstützung einer nachhaltigen Flächenpolitik

Um diese Instrumente umsetzen zu können, ist es erforderlich, einige finanzpolitische und steuerliche Rahmenbedingungen so zu ändern, dass ein Anreiz zum Flächensparen entsteht.

Ein solches Anreizsystem könnte vom Gesetzgeber beispielsweise bei der anstehenden Umgestaltung der Grundsteuer geschaffen werden. Zur Unterstützung der bodenpolitischen Ziele der Städte sollte eine erhöhte Besteuerung erschlossener, aber unbebauter Grundstücke ermöglicht werden; (siehe hierzu den Beschluss des DST-Präsidiums vom 08.02.2000, Anlage 4). Der Grundbesitz ist für die Eigentümer unter dem bisherigen Steuerrechtsregime nur mit Opportunitätskosten verbunden. Dies gilt insbesondere im Hinblick auf die großen Flächenpotentiale in den städtischen Räumen, die sich aus den brachgefallenen ehemaligen Industrie-, Bahn- und Postflächen und den militärischen Liegenschaften ergeben. Für die Eigentümer bestand bisher keine ökonomische Veranlassung, den Boden einer optimalen Nutzung zuzuführen. Eine Grundsteuerreform auf der Grundlage der Bodenwerte, bei der die planungsrechtlich zulässige Bebaubarkeit – und nicht die tatsächliche Nutzung – zugrundegelegt wird, würde das spekulative Liegenlassen von Flächen sanktionieren und die Mobilisierung dieser Flächen befördern. Dies würde den Druck von den Städten nehmen, neue, zusätzliche Flächen als Bauland bereitzustellen und mit zusätzlichem Kostenaufwand zu erschließen, bevor nicht zunächst vorhandene, bereits erschlossene Flächen genutzt werden.

Außerdem ist die steuerliche Absetzbarkeit von Mobilitätsaufwendungen für die Inanspruchnahme neuer Siedlungsflächen relevant. Der Deutsche Städtetag hat sich deshalb bereits vor Jahren für eine deutliche Reduzierung der Pendlerpauschale bzw. der Abschaffung dieser Subvention ausgesprochen, die als "Zersiedelungsprämie" wirkt und damit zum Leitbild einer nachhaltigen Stadt- und Siedlungsentwicklung überhaupt nicht passt.

Schließlich müsste auch die staatliche Finanzierung/Förderung von suburbanen und ländlichen Infrastrukturen überprüft werden. Generell sollten alle steuerlichen und Förderregelungen, die nicht zentrenorientiert sind und daher einer auf die Nutzung vorhandener Infrastruktur ausgerichteten Flächensparpolitik entgegenstehen, abgebaut werden.

Anlagen:

1. Beschlusstext des Staatssekretärsausschusses für Nachhaltige Entwicklung

2. Tabelle mit Flächenkontingenten

3. Handlungsempfehlungen

4. DST-Präsidiumsbeschluss zur Grundsteuerreform

Anlagen

Anlage 1

Staatssekretärsausschuss für nachhaltige Entwicklung

Beschluss vom 09.02.2009

1. Ziel der Nationalen Nachhaltigkeitsstrategie und der Nationalen Strategie zur biologischen Vielfalt ist es, die Flächeninanspruchnahme für Siedlung und Verkehr bis 2020 auf 30 ha pro Tag zu senken. Die Bundesregierung und die Kommunalen Spitzenverbände sind sich darüber einig, dass die Reduzierung der Flächeninanspruchnahme zu den großen Herausforderungen einer nachhaltigen Entwicklung zählt.

2. Hierfür sind verstärkte Anstrengungen von Bund, Ländern und Kommunen erforderlich. Mögliche Maßnahmen sind u. a.:

   - eine verstärkte Innenentwicklung in den Städten und Gemeinden, die Revitalisierung von Brachflächen, die Nutzung leergefallener Bausubstanz sowie eine angemessene Nachverdichtung,

   - die konsequente Anwendung der mit dem Gesetz zur Erleichterung von Planungsvorhaben für die Innenentwicklung der Städte verbesserten Möglichkeiten,

   - die Prüfung, wie die Rahmenbedingungen für eine stärkere Nutzung von Freiflächen (Konversionsgrundstücke/ Bahn etc.) im Rahmen der vorhandenen haushaltsrechtlichen und sonstigen gesetzlichen Vorgaben (z. B. BImA-Errichtungsgesetz) verbessert werden,

   - die Ausrichtung finanzpolitischer Rahmenbedingungen aus eine sparsame Neuausweisung von Siedlungs- und Verkehrsflächen,

   - die Verstetigung und stärkere Nutzung der Förderprogramme des Bundes und der Länder (Städtebauförderung und Stadtumbau, Gemeinschaftsaufgaben zur Verbesserung der Agrarstruktur und des Küstenschutzes sowie zur Verbesserung der regionalen Wirtschaftsstruktur),

   - eine verstärkte unterkommunale und regionale Zusammenarbeit zur Reduzierung der Flächeninanspruchnahme,die Fortsetzung des Diskussionsprozesses mit allen beteiligten Akteuren darüber, wie die Flächeninanspruchnahme signifikant reduziert werden kann.

3. Die Perspektiven für eine weitere Zusammenarbeit von Bund und Kommunalen Spitzenverbänden zur Reduzierung der Flächeninanspruchnahme werden zwischen der Bundesregierung (federführend

Bundesministerium für Verkehr, Bau und Stadtentwicklung) und den Kommunalen Spitzenverbänden in Gesprächen auf Fachebene konkretisiert. Ein erstes Gespräch ist für das 2. Quartal 2009 vorgesehen.

4. Der Staatssekretärsausschuss und die Vertreter der Kommunalen Spitzenverbände verständigen sich auf die beigefügte Presseerklärung

Anlage 2

Umrechnung des 30 ha-Ziels der Inanspruchnahme neuer Flächen nach Ländern

Land	Fläche (qkm) 31.12.2006	Bevölkerung 31.12.2006	Länderanteil abgeleitet aus Nachhaltigkeitsziel 2020	
			Länderanteil an 30 ha (Basis Gesamtfläche 31.12.2006)	Länderanteil an 30 ha (Basis Einwohner 31.12.2006)
Baden-Württemberg	35.752	10.749.755	3,00	3,88
Bayern	70.552	12.520.332	5,93	4,50
Berlin	891	3.416.255	0,07	1,23
Brandenburg	29.480	2.535.737	2,48	0,94
Bremen	404	663.082	0,03	0,24
Hamburg	755	1.770.629	0,06	0,63
Hessen	21.155	6.072.555	1,77	2,21
Mecklenburg-Vorpommern	23.182	1.679.682	1,95	0,63
Niedersachsen	47.641	7.971.684	4,00	2,90
Nordrhein-Westfalen	34.086	17.996.621	2,86	6,57
Rheinland-Pfalz	19.853	4.045.643	1,67	1,47
Saarland	2.569	1.036.598	0,22	0,39
Sachsen	18.417	4.220.200	1,55	1,58
Sachsen-Anhalt	20.447	2.412.472	1,72	0,93

Schleswig-Holstein	15.799	2.837.373	1,33	1,02
Thüringen	16.172	2.289.219	1,36	0,87
Deutschland	357.114	82.217.837	30,00	30,00

Anlage 3

Handlungsempfehlungen an die Städte

1. Die für räumliche Planung, Planrealisierung/Bodenordnung, Liegenschaften, Finanzen, Wohnungsbau, Wirtschaftsförderung und Umwelt/Naturschutz zuständigen Ressorts sollten auf der strategischen wie auf der operativen (projektbezogenen) Ebene in geeigneten Kooperationsstrukturen stärker miteinander vernetzt werden. Dies kann durch eine (weitgehend) entscheidungsbefugte ressortübergreifende Arbeitsgruppe bzw. einen "Lenkungskreis Flächenmanagement und Bodenwirtschaft" erfolgen. Solche Organisationsformen eines umsetzungsorientierten Prozess- und Projektmanagements haben sich bereits in zahlreichen Städten unterschiedlicher Größenordnung bewährt. Sie gewährleisten für Investoren und Projektentwickler auf der Grundlage verbindlicher Leitlinien der Stadtentwicklung längerfristige Planungssicherheit, ermöglichen eine sachgerechte Koordination von Einzelprojekten und garantieren die notwendige Transparenz und Einheitlichkeit des Verwaltungshandelns gegenüber den privaten Partnern.

Aufgaben dieses Lenkungskreises sind z. B.:

- Entwicklung und Steuerung eines Flächeninformationssystems (GIS-Plattform, Datenbankverknüpfung), Entscheidung über die zu veröffentlichenden Informationen (z. B. Baulücken- und Baulandkataster, nutzungsbezogene Flächenpotentialkarten).

- Frühzeitige Abstimmung von Planung, Bodenordnung, Förderungsprogrammen und Bodenwirtschaft auf kommunalen und privaten Flächen (Prioritätensetzung, Realisierungschancen, Optimierung von Wertschöpfungspotenzialen, Koordinierung mit Wohnungs- und Städtebauförderung).

- Entwicklung und Steuerung von Kooperationsmodellen u. a. zur sozialgerechten Bodennutzung (städtebauliche Verträge).

- Entwicklung von Kriterien und Instrumenten für eine dynamische strategische Bodenreserve (revolvierender Bodenfonds) einschließlich der Flächen-Pools für besondere öffentliche Zwecke (Gemeinbedarfsflächen-Pool, Ökokonto, Technologie und Gründerparks).

- Weiterentwicklung bzw. Standardisierung von Kriterien und Methoden für stadtwirtschaftliche Analysen und bodenwirtschaftliche Kalkulationen als Entscheidungsgrundlagen.

Bei komplexen und umfangreichen Aufgaben kann sich in großen Städten eine Mehrebenen-Organisation mit thematischen Arbeitsgruppen und einem Lenkungskreis empfehlen.

Die Binnen- und Außenwirkung sowie die Verbindlichkeit von Grundsatzorientierungen des strategischen Flächenmanagements und der Bodenwirtschaft sollten durch einen entsprechenden Stadtratsbeschluss verstärkt und politisch legitimiert werden.

2. Auf der operativen Ebene empfiehlt sich für größere Projekte die Einrichtung einer ressortübergreifenden Projektsteuerung. Bei Kooperationsprojekten sollten die privaten Partner in die Projektstruktur eingebunden werden.

Fallweise kann sich auch die Gründung öffentlicher oder öffentlich-privater Projektgesellschaften anbieten. Als Alternative dazu kommt auch die Einschaltung eines (ggf. treuhänderisch tätigen) Entwicklungs- oder Maßnahmenträgers in Betracht.

In zahlreichen Städten bestehen traditionell Wohnungsbau-, Stadtentwicklungs- oder Stadterneuerungsgesellschaften in (mehrheitlich) städtischem Eigentum. Die Potenziale dieser bestehenden Gesellschaften für eine zielorientierte Umsetzung des strategischen Flächenmanagements auf der Projektebene sollten in organisatorische Überlegungen einbezogen werden.

3. Als zentrales Instrument eines nachhaltigen Flächenmanagements wird die Einrichtung eines revolvierenden Bodenfonds als wirtschaftlich selbständiges Sondervermögen empfohlen. Dieser Bodenfond stärkt das kommunale Liegenschaftswesen in seiner strategischen Ausrichtung an der Schnittstelle von Planung und Realisierung. In den Bodenfonds sollen alle nicht unmittelbar der eigenen Aufgabenerfüllung dienenden kommunalen Grundstücke eingebracht werden (Vorratsgrundstücke). Freigaben und Neubedarfe von Grundstücken werden zwischen dem Bodenfond und den städtischen Nutzerressorts am Verkehrswert orientiert verrechnet.

Flächenpools für besondere Zweckbestimmungen können – soweit sie nicht einzelnen Bedarfsträgern budgetmäßig zugeordnet werden – in diesen Fonds einbezogen werden.

Die Tätigkeit des Bodenfonds (An- und Verkauf von Grundstücken, ggf. Projektentwicklung) muss in Anbindung an den „Lenkungskreis Flächenmanagement und Bodenwirtschaft" von einem ‚Aufsichtsrat. so gesteuert werden, dass ein Ausgleich der stadtentwicklungspolitischen, strategischen Ziele und der fiskalischen Interessen sowie ein Abgleich mit den Interessen der Fachressorts erfolgt. Ein unkoordiniertes Neben- oder gar Gegeneinander von Bodenfonds und Grundstücks-Gebäudemanagement der Fachressorts für ihre eigengenutzten Immobilien muss vermieden werden.

Der Bodenfonds kann wegen seiner strategischen Orientierung nicht zur kurzfristigen Erlösoptimierung dienen. Er muss vielmehr in der Lage sein, auch Vorleistungen für künftige Erträge zu übernehmen, wie z. B. Vorratskäufe, Aufbereitung und Freimachung von Flächen, ggf. auch Projektentwicklung.

An- und Verkauf sollen auf der Basis der Verkehrswerte erfolgen. Dabei sind Höchstgebotsverfahren nur ein Weg unter anderen. Insbesondere zur Wirtschafts- oder Wohnungsbauförderung oder bei besonderen Stadtentwicklungsprojekten sollte anhand zielorientierter Kriterien über Kaufbewerbungen entschieden werden. Der Fonds sollte zudem preisdämpfend auf den Bodenmarkt wirken. Mittel- bis langfristig kann der Bodenfonds sich jedoch aus Erlösen refinanzieren und ggf. sogar Beiträge zur Haushaltskonsolidierung erwirtschaften. Ob und inwieweit das möglich ist, hängt wesentlich von der Flächen- und Finanzausstattung des Bodenfonds und von der Dynamik des örtlichen Bodenmarktes ab.

Bei der erstmaligen Einrichtung eines Bodenfonds sollten steuerrechtliche Fragen sorgfältig geprüft werden, damit die erhofften Vorteile eines wirtschaftlich selbständigen Sondervermögens nicht durch steuerliche Mehrbelastungen aufgezehrt werden.

Der Bodenfonds sollte so angelegt sein, dass er auch zu einem Instrument stadtregionaler Kooperation beim Flächenmanagement weiterentwickelt werden kann.[2]

Anlage 4

Grundsteuerreform und Bodenpolitik

Beschluss des Präsidiums des Deutschen Städtetages vom 8.2.2000

Das Präsidium beauftragt die Hauptgeschäftsstelle, auf der Grundlage folgender Eckpunkte in den weiteren Gesprächen mit den zuständigen Ministerkonferenzen und den zuständigen Bundesministerien für eine Reform der Grundsteuer einzutreten:

1. Die Erhebung der Grundsteuer soll künftig auch bodenpolitische Gesichtspunkte berücksichtigen. Dazu soll auf der Grundlage der vorhandenen Bodenrichtwerte

---

[2] DST-Positionspapier Strategisches Flächenmanagement und Bodenwirtschaft, http://www.baulandinitiative.de/uploads/media/DST-Positionspapier_Strategisches_Flaechenmanagement.pdf, 22.2.2010.

in Verknüpfung mit einem pauschalierten Gebäudewert ein vereinfachtes Grundsteuerbemessungsverfahren eingeführt werden.

2. Das kommunale Hebesatzrecht muss bei der Erhebung der Grundsteuer erhalten bleiben. Die Städte und Gemeinden sollen auch Zonen mit unterschiedlichen Hebesätzen bilden können.

3. Die Grundsteuermesszahlen sollen von den Städten zur Umsetzung ihrer bodenpolitischen Ziele genutzt werden können, indem sie eine Staffelung nach Grundstücksarten entsprechend ihrer planungsrechtlichen Nutzung festlegen.

4. Das neue Besteuerungsverfahren soll den Zielen der Verwaltungsvereinfachung entsprechen.[3]

---

[3] http://www.staedtetag.de/10/presseecke/dst_beschluesse/artikel/2000/02/08/60/index.html, Zugriff am 22.02.2010.

Berliner Schriften zur Stadt- und Regionalplanung

Herausgegeben von Prof. Dr. Stephan Mitschang

Band 1 Stephan Mitschang (Hrsg.): Umweltprüfverfahren in der Stadt- und Regionalplanung. 2006.

Band 2 Stephan Mitschang (Hrsg.): Stadt- und Regionalplanung vor neuen Herausforderungen. 2007.

Band 3 Stephan Mitschang (Hrsg.): Flächennutzungsplanung – Aufgabenwandel und Perspektiven. 2007.

Band 4 Stephan Mitschang (Hrsg.): BauGB-Novelle 2007. Neue Anforderungen an städtebauliche Planungen und die Zulassung von Vorhaben. 2008.

Band 5 Stephan Mitschang (ed./Hrsg.): Soil Protection Law in the EU. Bodenschutzrecht in der EU. 2008.

Band 6 Stephan Mitschang (Hrsg.): Innenentwicklung – Fach- und Rechtsfragen. 2008.

Band 7 Stephan Mitschang (Hrsg.): Klimaschutz und Energieeinsparung in der Stadt- und Regionalplanung. 2009.

Band 8 Stephan Mitschang (Hrsg.): Fach- und Rechtsprobleme der Baunutzungsverordnung. 2009.

Band 9 Stephan Mitschang (Hrsg.): Aktuelle Fach- und Rechtsfragen des Lärmschutzes. Bauleitplanung, Fachplanung und Zulassung von Bauvorhaben. 2010.

Band 10 Stephan Mitschang / Gerd Schmidt-Eichstaedt (Hrsg.): Die Umweltprüfung in der Regionalplanung. 2010.

Band 11 Ulrich Battis / Jens Kersten / Stephan Mitschang: Rechtsfragen der ökologischen Stadterneuerung. 2010.

Band 12 Stephan Mitschang (ed./Hrsg.): Energy Efficiency and Renewable Energies in Town Planning Law. Energieeffizienz und Erneuerbare Energien im Städtebaurecht. 2010.

Band 13 Stephan Mitschang (Hrsg.): Planen und Bauen im Außenbereich. 2010.

www.peterlang.de